팔팔 투더 오오
맛불리
다이어트
연구소

지은이 맛불리

유튜브 채널 〈맛불리TV〉를 운영하며 맛있고 배부르게 먹는 다이어트 방법을 공유하고 몸소 증명해 보이는 '증명 다이어터'. 결혼하고 23kg이 찐 데다 무릎과 허리 건강까지 나빠져 운동도 할 수 없었지만 유튜브에 공개한 방법으로 21kg을 감량했다. 취미로 시작한 유튜브의 구독자가 32만 명이 되었고(2020년 6월 기준), 같은 방법으로 체중 감량에 성공한 후기 댓글이 나날이 늘고 있다. 구독자들의 계속되는 레시피 출간 요청으로 책을 내게 되었다.

맛불리 다이어트 연구소

2019년 7월 26일 초판 1쇄 발행 | 2020년 6월 22일 초판 13쇄 발행

지은이 맛불리 | 펴낸곳 부키(주) | 펴낸이 박윤우
등록일 2012년 9월 27일 | 등록번호 제 312-2012-000045호
주소 03785 서울 서대문구 신촌로3길 15 산성빌딩 6층
전화 02) 325-0846 | 팩스 02) 3141-4066 | 홈페이지 www.bookie.co.kr
이메일 webmaster@bookie.co.kr | 제작대행 올인피앤비 bobys1@nate.com

ISBN 978-89-6051-727-1 13590

책값은 뒤표지에 있습니다.
잘못된 책은 구입하신 서점에서 바꿔 드립니다.

이 도서의 국립중앙도서관 출판예정도서목록(CIP)은 서지정보유통지원시스템 홈페이지(http://seoji.nl.go.kr)와 국가자료공동목록시스템(http://www.nl.go.kr/kolisnet)에서 이용하실 수 있습니다.(CIP제어번호: CIP2019026142)

b▲oc는 부키(주)의 출판 브랜드입니다.
Always B-Side You.

팔팔 투더 요요
맛블리 지음
맛블리
다이어트
연구소

들어가기 전에

어서 오세요,
맛불리 다이어트 연구소입니다

똑똑똑.

"누구세요?"

철컥. 옅은 빨간색 대문이 조심스레 열렸다. 시끌벅적한 맛불리 연구소에 누군가 찾아온 모양이다. 문을 열어 주지도 않았는데 스스로 열고 들어오는 것을 보니 꽤 마음이 급했나 보다.

"무슨 일로 오셨나요?"

"여기 오면 살 빼는 하드 트레이닝을 할 수 있다고 해서요."

"네? 누가 그런 말을……. 여기는 헬스장이 아닌데요."

맛불리가 당황하든 말든 독자는 성큼성큼 들어와 연구소 이곳저곳을 구경했다. 맛불리 연구소는 이름만 거창하지 내부는 작은 브런치 카페에 가깝다. 바닥에는 방금 밭에서 따온 듯한 각종 채소가 바구니 안에 담겨 있고, 왼쪽에는 원목 주방 가구와 유리문이 달린 냉장고가 있다. 냉장고 안으로는 차곡차곡 쌓인 고기가 보인다. 오른쪽 벽에는 고풍스러운 금빛 테두리의 액자에 날씬한 사람과 뚱뚱한 사람의 사진이 여럿 걸려 있는데, 하나같이 벽을 가득 채울 정도로 큼직하다. 독자는 그중 유독 눈에 띄는 사진을 가리키며 물었다.

"이건 누구 사진인가요?"

"제 사진인데요."

"오! 과거에 뚱뚱했다가 다이어트로 이렇게 복근을 가지게 되었다, 이건가요? 일종의 자랑이네요."

"아니요. 그 반대예요."

"네?"

맛불리의 말이 이해가 되지 않아 머리를 긁적이는 독자. 그럴 줄 알았다는 듯 맛불리는 손가락으로 사진을 가리키며 말했다.

"자, 보세요. 보통 왼쪽이 비포, 오른쪽이 애프터잖아요. 왼쪽이 살찌기 전, 오른쪽이 살찐 후예요."

"네? 하지만 지금은 비포 쪽에 가까운 것 같은데. 물론 저 사진만큼 탄탄하진 않고 살짝 물렁해 보이긴 하지만요."

맛불리는 여과 없는 독자의 표현에 머쓱했는지 액자를 가리키던 손가락으로 머리를 한번 긁고는 바로 옆 액자를 가리켰다.

"네, 맞아요. 첫 번째 액자의 사진은 운동으로 다이어트에 성공하고 6년을 유지했다가 갑자기 살이 찐 모습, 두 번째 액자는 다시 찐 살을 운동 없이 오로지 식단만으로 뺀 모습이에요. 이쪽이 현재죠."

"오? 도대체 당신에게 무슨 일이 있었던 거예요?"

"흠. 그나저나 여기에 찾아오신 용건이 있으실 텐데."

사진을 구경하느라 원래 목적을 잠시 잊었던 독자는 얼른 가방을 뒤적여 무언가를 꺼냈다.

"짠! 이거 제 다이어트 계획표인데요! 맛불리에게 하드 트레이닝 받으러 왔어요!"

"여긴 헬스장이 아니래도요."

독자는 눈빛을 반짝이며 자신의 계획표를 평가해 달라는 듯 맛불리의 손에 계획표를 쥐어 주었다. 맛불리는 싫은 표정을 지었지만 사실 연구소에 손님이 찾아와 관심을 보이는 것이 오랜만이라 내심 기뻤다. 그녀는 '츤데레'임이 틀림없다.

"보자. 하루에 팔굽혀펴기 100번, 스쿼트 1000번, 데드리프트 200번, 윗몸일으키기 500번, 고구마 1개, 닭 가슴살 1덩이, 샐러드……. 이게 다 뭐예요?"

"제가 워낙 살이 잘 찌는데 잘 빠지지는 않는 체질이라 이 정도는 해야 하지 않을까 해서요."

"이 계획대로 실행할 수는 있고요?"

"아니요. 힘들어서 도저히 못 하겠어요. 저 혼자 감당하긴 힘드니까 여길 찾아왔지요."

절레절레. 맛불리는 독자의 정성 어린 계획표를 재빠르게 구겨서 휴지통으로 덩크슛을 날렸다.

"헐! 뭐 하는 거예요! 내가 얼마나 정성 들여 세운 계획인데!"

"감당할 수 없는 것은 계획이 아니에요! 게다가 여기는 운동하는 곳도 아니라고요!"

"그럼 도대체 뭐 하는 곳인데요!"

"여기는 운동 안 하고 맛있고 배부른 식사로 살을 빼는 곳이라고요."

"말도 안 돼! 그런 게 어딨어요?"

"여기 있지요! 제가 산증인 아닙니까? 헤헷."

오뚝하지도 않은 콧날을 치켜들며 갑자기 자신감 넘치는 표정을 짓는 맛불리를 보고 독자는 할 말을 잃었다. 의문투성이 사진부터 정성껏 세운 계획을 한순간에 휴지 조각으로 만들어 버리는 불친절한 태도. 신뢰가 떨어진 독자는 빨간 대문을 향해 발길을 돌렸다.

"앗. 잠깐 잠깐, 어디 가요!"

맛불리는 독자의 바짓가랑이를 황급히 붙잡았다.

"별거 없어요! 저탄수화물 식사와 간헐적 단식만 하면 돼요!"

"그게 뭔데요?"

"에헤이, 왜 이렇게 성격이 급하세요. 그게 뭔지는 저쪽 안에 들어가서 이야기해 드릴게요."

그렇게 독자는 맛불리에게 붙잡혀 책 속으로 들어가는데…….

차림표

상황별 대응 요령

PART 3 · 모든 식욕을 막아 준다! 본격 맛불리 레시피

재료 준비 잘하면 열 금손 부럽지 않다

레시피를 보기 전에 꼭 읽어 보세요

저탄수화물(저당질) 식단을 위한 식재료를 고를 때 단순히 탄수화물 함량만 확인하면 될까요? 물론 그렇게만 해도 다이어트에 도움이 되겠지만 좀 더 좋은 재료를 선택하면 건강까지 생각하는 다이어트를 할 수 있어요. 현실적으로 모든 재료를 최상의 것으로 구하기는 힘들죠. 절대적인 기준이라기보다는 참고해서 좋은 제품을 선택하는 데 도움이 되길 바랍니다. 단, 다이어트를 위해서는 설탕, 밀가루, 곡물 가루와 같은 '정제 탄수화물'과 '트랜스 지방'만큼은 반드시 피해야 한다고 생각해요. 트랜스 지방은 우리 몸에 들어오면 배출이 잘 안 되고 각종 질병(특히 비만)의 원인이 되죠. 트랜스 지방은 자연 음식에도 존재하지만, 주로 식물성 오일을 인위적으로 고체화한 식물성 버터(마가린)나 쇼트닝에 많이 함유되어 있습니다. 이를 재료로 만든 빵이나 쿠키는 말할 것도 없지요. 가공하지 않은 식물성 오일도 온도나 습도, 빛 등에 의해 산화되기 쉬워서 보관에 주의하고, 열을 가하는 요리에 사용할 때 특히 조심합니다. 또한 논란이 있는 유전자 변형 농산물(GMO)이나 다이어트를 불리하게 만드는 오메가6 함량이 많은 오일도 가능하면 피하려고 합니다. 여기서는 제가 요리에 사용하는 오일과 버터도 자세히 소개할게요. 체질에 따라 알레르기가 있는 재료도 조심해 주세요.

소고기

고기를 건강하게 먹고 싶다면 사료를 먹고 자란 소보다는 항생제 투여 가능성이 적은, '자연 방목해 유기농 목초를 먹인 소'의 고기를 선택하는 것이 좋아요. 그리고 지방이 적은 것을 고르되, 지방의 색깔은 하얀색보다는 노란색을 띠는 것이 영양가가 높고 독소가 비교적 적으며 항산화물이 많다고 해요.

돼지고기

돼지고기도 자연 방목해서 키운 것과 '무항생제' 표시가 있는 고기를 선택하는 것이 좋습니다. 건강한 환경에서 키운 돼지의 고기라고 할 수 있어요.

닭고기, 달걀

소고기, 돼지고기와 마찬가지로 자연 방목해 키운 닭과 달걀이 건강한 편입니다. 자연 방목된 가축은 공장식 사육 환경에 비해 스트레스를 받을 확률이 적어서 항생제를 사용해야 하는 일도 적다고 해요. 가능하면 '무항생제' 표시가 있는 닭고기나 달걀을 고릅니다.

단백질 파우더

저는 감미료나 향 등 어떤 것도 첨가되지 않고 유전자 변형이 없는 유청 단백질을 선호합니다. 유당이 거의 없도록 가공한 것을 고르면 유당불내증이 있는 사람도 부담이 적어요. 단, 단백질 파우더를 물이나 우유에 타서 먹는 것은 몸에서 음식으로 잘 인지하지 못하므로 권하지 않습니다. 그리고 과도한 단백질 섭취로 인한 각종 부작용이 많이 알려져 있으니 주의하세요.

코코넛 오일

코코넛 오일은 다른 식물성 오일과 다르게 구조가 안정적인 포화 지방이 주된 성분입니다. 포화 지방을 아직도 비만의 원인으로 알고 있는 사람이 많아요. 하지만 여러 자료를 통해 포화 지방의 누명이 벗겨지고 진짜 나쁜 오일은 트랜스 지방으로 밝혀지면서 코코넛 오일이 건강식품으로 각광받고 있습니다. 저는 유기농 엑스트라 버진 코코넛 오일이 생식으로 가장 좋다고 생각하지만, 코코넛 오일의 향을 싫어해서 향이 없는 유기농 정제 코코넛 오일을 주로 먹어요. 단, 정제 코코넛 오일 중에는 코코넛 껍질을 말린 '코프라'로 만든 제품도 있으므로 '유기농 코코넛 과육'으로 만든 제품인지 확인하고 구매하세요. 코코넛 과육으로 만든 정제 코코넛 오일은 엑스트라 버진과 거의 같은 효능을 가지고 있다고 합니다. 그리고 가열하는 요리에서 정제 코코넛 오일을 자주 사용하는 이유는 열을 가했을 때 산화 위험이 비교적 낮은 '포화 지방'이며 '비정제'보다 '정제'가 비교적 발연점이 높기 때문이에요. 다가 불포화 지방 비율이 높은 식물성 오일은 열을 가했을 때 산화 위험이 높기 때문에 생식으로만 먹어요. 코코넛 오일에서 중쇄, 단쇄 지방산을 뽑아낸 MCT 오일은 방탄커피 재료로 많이 알려졌지만 발연점이 높지 않아서 가열은 피하는 편입니다.

올리브 오일, 아보카도 오일

두 오일은 GMO 원료 사용 가능성이 낮고 생식으로 좋은 식물성 오일입니다. 올리브 오일은 단일 불포화 지방 비율이 높은 오일로 항산화 물질이 다량 함유되어 있고 오메가9이 풍부합니다. 냉압착으로 만든 엑스트라 버진 등급으로 어두운 녹색 유리병에 담긴 것을 고르는 게 좋아요. 아보카도 오일도 단일 불포화 지방 비율이 높은 오일로, 마찬가지로 엑스트라 버진 등급으로 고르세요. 두 오일 모두 불포화 지방 비율이 높아서 가열하지 않고 생으로 먹는 것이 좋습니다.

버터

버터는 100% 동물성 버터가 좋습니다. 특히 저는 '기버터

(Ghee Butter)'를 주로 사용해요. 기버터는 목초 사육으로 키운 소의 우유로 만든 것으로 고릅니다. 일반 버터보다 발연점이 높고 영양가가 좋고 포화 지방의 비율이 높아요. 유제품에 민감한 사람도 부담이 덜하고요. 가열하는 요리에 코코넛 오일 다음으로 많이 사용합니다.

생크림, 요거트

생크림은 100% 동물성(식물성 안 돼요)으로, 유지방이 38% 이상인 제품을 선호합니다. 요거트는 당질을 인위적으로 첨가하지 않은 무가당, 유기농 제품이 좋으며 트랜스 지방 0g, 100g당 탄수화물이 4g 이하인 것으로 고릅니다. 저지방 제품은 인위적인 공정을 거치기 때문에 추천하지 않아요.

치즈

'자연 치즈'라고 표기되어 있으며 식물성 오일과 당질을 인위적으로 첨가하지 않은 것을 고릅니다. 자연 방목으로 키운 소의 우유로 만든 치즈를 선호합니다. 버터에 비해 유당이 조금 함유되어 있기 때문에 절제가 필요해요.

채소

농약이나 화학 비료를 쓴 채소는 가능한 한 먹지 않는 게 좋겠죠. 아무리 열심히 씻어도 잔류 농약이 있을 수 있기 때문입니다. 유기농 채소로 고르는 게 좋아요. 뿌리채소는 당질이 높은 편인데, 특히 감자와 고구마는 익혔을 때 당 지수가 높아지기 때문에 다이어트 중에는 많이 먹지 않습니다.

녹색 잎 생채소

녹색 잎 채소는 당질이 적고 식이섬유가 풍부합니다. 양배추와 알배추는 포만감이 높고 상추, 깻잎, 양상추는 부드럽고 질리지 않아요. 그러나 장 기능이 약하거나 신장 질환이 있는 사람이라면 생으로 섭취하는 것에 유의해야 합니다(127쪽 참고).

식이섬유 가루

대부분의 가루류는 소화 흡수가 빠르고 혈당을 빠르게 높이는 정제 탄수화물이지만 식이섬유 가루는 예외예요. 이 책에서는 빵을 만들 때 차전자피 가루, 아마씨 가루, 아몬드 가루를 사용합니다. 차전자피 가루는 당질이 거의 없고 부푸는 성질이 있는데, 특유의 향이 강하고 물을 만나면 찐득해져요. 입자가 고운 것보다는 굵은 것이 다루기 편합니다. 아마씨 가루는 향이 고소하고 다루기 쉬운 편이지만 과다 섭취하면 부작용의 우려가 있어 하루 16g 이하로 먹는 게 좋아요. 아몬드 가루는 당질이 다소 들어 있어 소량만 사용합니다. 식이섬유 가루는 장이 건강하지 않거나 신장 질환이 있는 사람은 섭취량에 유의하세요.

토마토 퓌레

유기농 토마토 외에 별다른 첨가물이 없는 것을 가장 선호합니다. 유기농 토마토 100%인 제품 또는 유기농 토마토 99% 이상에 구연산이나 나트륨 정도만 약간 첨가된 제품을 사용합니다. 시판되는 토마토 퓌레에는 설탕이 들어간 경우가 많으니 원료를 꼭 확인하세요. 무가당이라고 해도 간혹 인공 감미료나 천연 감미료가 들어간 제품이 있는데, 저는 그것도 입맛을 자극하는 것으로 보기 때문에 자제하는 편입니다.

머스터드소스

대부분의 시판 머스터드소스는 설탕이나 포도당 등 당질을 첨가하지만, 식초와 겨자씨, 소금, 후추 정도의 재료로 만든 저당질 머스터드도 있습니다. 당질이 0g이기 때문에 저탄수화물 다이어트에 풍미를 더해 줍니다.

스리라차 소스

스리라차 소스는 대부분 설탕이 약간 첨가되어 있어 아쉽지만, 탄수화물이 1작은술당 1g 이하인 제품을 고르면 한 끼당 1큰술 정도까지는 무난하게 섭취할 수 있습니다. 맛있고 지속 가능한 다이어트를 위해 약간의 타협이 필요하겠죠.

까나리 액젓, 멸치 액젓

자극적인 맛이지만 의외로 당질 함량이 낮습니다. 하지만 나트륨 함량이 높으므로 너무 짜게 먹지 않도록 양을 조절합니다.

된장, 간장

되도록 국산 콩을 사용하고 'NON-GMO'가 표기된 제품이 좋습니다. 소스류 중에서는 그나마 당질 함량이 낮은 편이긴 하지만 한 끼에 1큰술 정도가 적당합니다.

땅콩버터

100% 땅콩으로 만든 버터를 고릅니다. 당질 함량이 조금 높은 축에 속하지만, 건강과 맛의 타협점(?)으로 1큰술 정도만 가끔 먹어요. 대부분 설탕이 첨가되어 있으니 무가당인 제품을 골라야 합니다.

재료의 양에 대한 일러두기

큰술 = 밥숟가락으로 소복하게 담은 정도

작은술 = 찻숟가락으로 소복하게 담은 정도

(액체 재료는 평평하게 담아 계량)

컵 = 종이컵 기준

프롤로그

여러분은 어떤 다이어트를 하고 있나요?

땀을 뻘뻘 흘리며 강도 높은 운동을 몇 시간씩 하고 있나요? 닭 가슴살이나 샐러드로 버티며 쫄쫄 굶고 있나요? 아니면 냉장고에 다이어트 제품을 한가득 쌓아 놓았거나 약에 의존하고 있지는 않나요? 써 놓고 보니 다 제 이야기네요. 제가 과거에 그랬거든요. 여러분은 다이어트를 하느라 고통받은 만큼 체중 감량 효과를 보았나요? 제가 한번 맞춰 볼게요. 적어도 두 가지 결론을 추측할 수 있습니다. 효과는 있지만 유지하기 힘들 정도로 고통스럽거나 체중이 더 늘었거나. 어떻게 그렇게 잘 아냐고요? 아이 참, 무슨 그런 당연한 걸 물어보세요. 경험해 봤으니까 알죠!

저기요. 보아하니 자문자답하는 취미가 있으시네요. 물어보지 않았는데?

크흠! 중요한 건 저 역시 강도 높은 운동을 해도 체중이 줄지 않고, 닭 가슴살과 고구마만 먹고도 살이 쪄 버리는 경험을 했다는 거예요. 이렇게 노력했는데도 효과가 없으면 정말 억울하지 않나요? 전 정말 화가 나더라고요. 정녕 저주받은 살찌는 체질인가 싶기도 하고, 어쩌다 한번 맛있는 음식을 먹으면서도 내 의지가 약한 것 같아 자책했지요. 제가 확실하게 말씀드릴 수 있는 것은, 다이어트 실패는 절대 여러분의 의지 탓이 아니라는 겁니다. 단지 우리가 살이 빠지지 않는 이유를 몰랐을 뿐이에요.

그렇다면 맛불리는 그 이유를 알고 있다는 거예요?

저도 수많은 사람의 다양한 체질을 다 알고 있는 것은 아니니 단언할 수는 없죠.

뭐야, 그런 무책임한 말이 어딨어요! 책을 덮…….

아, 잠깐! 제 이야기 좀 더 들어 보세요. 운동 열심히 하고 닭 가슴살만 먹어도 살이 빠지지 않았던 사람이 맛있고 배부르게 먹으면서 21kg을 뺐다면 어떤가요? 방법이 궁금하지 않나요?

(잠깐 뜸을 들이면서 의심의 눈초리로 쳐다보며) **그런 방법이 있다고요? 효과가 기막힌 다이어트 약이라도 있나요?**

아니요. 맛있고 배부르게 먹기 시작한 다음부터는 다이어트 약도 끊었답니다. 바로 제 이야기예요.

말도 안 되는 소리 말아요! 닭 가슴살만 먹고도 실패했는데 어떻게 배부르게 먹고 성공할 수가 있죠? 운동을 더 열심히 했나요?

운동도 건강 문제로 그만뒀어요. 믿기 힘드신 것 잘 압니다. 제가 운영 중인 다이어트 유튜브 채널 〈맛불리TV〉에 하루에도 여러 개의 의심 댓글이 달리죠. 하지만 저와 같은 방법으로 체중 감량에 성공한 후기 댓글도 많이 달립니다.

(인상을 쓰며 유튜브 댓글을 찾아본다.) 정말 후기 댓글이 있네요. 하지만 이 정도로 맛불리를 다 믿을 순 없어요.

후후, 예상했습니다. 괜찮아요! 저를 믿으실 필요 없습니다. 오히려 저는 많은 다이어트 지식과 정보가 쏟아지는 요즘, 어떤 한 가지 정보만 맹신하고 실행하는 것은 위험하다고 생각해요. 말 그대로 사람마다 체질이 다르기 때문에 저의 방법이 누군가의 체질엔 맞지 않을 수 있어요. 전문가들도 의견이 엇갈리는 경우가 많은데, 그 이유는 예견할 수 없을 정도로 수많은 체질이 있기 때문입니다. 그래서 모든 다이어트와 건강 정보는 참고만 하고 자신의 몸에 맞는 방법을 스스로 찾아가야 한다고 생각해요. 그런 의미에서 이 책의 내용도 참고만 해주신다면 그걸로 충분합니다.

저는 '이 방법'을 실천하기 전까지는 제가 살찌는 체질이 되어 버린 줄 알았어요. 무슨 짓을 해도 살이 빠지지 않았으니까요. 지금 생각해 보면 살이 찌는 행동만 골라서 했는데, 그때는 그걸 몰랐던 것뿐이죠. 그리고 계속 단 음식이 당기는 게 제가 먹는 것을 좋아해서 그런 거라며 자책했죠.

그런데 맛있는 음식을 좋아하는 건 사람의 기본 욕구 아닌가요?(저만 그런 건 아니죠?) 사실 자책할 필요가 전혀 없는 건데, 맛있는 것을 좋아하는 게 죄라고 생각하는 것은 옳지 않아요. 참을성이 없다는 둥, 먹는 걸 좋아해서 그렇다는 둥, 운동을 하지 않아서 그렇다는 둥의 자책은 이제 그만합시다. 진짜 범인은 따로 있으니까요. 여러 가지 시행착오 끝에 맛있고 배부르게 먹으면서 21kg을 감량한 저의 눈물 젖은(?) 사연에서 함께 해답을 찾아보자고요.

PART 1

먹보 맛불리가
다이어트에
진짜 성공하기까지

날씬했던 시절이 있다던데?

살찌기 전의 제 사진을 보고 원래 날씬했으니까 살 빼기 쉬웠을 거라고 생각하는 분들이 있어요. 충분히 그렇게 생각하실 수 있어요. 하지만 저도 모태 날씬이는 아니었습니다. 태어나서 처음으로 살이 쪘다고 느낀 건 초등학교 6학년 때였어요. 어머니가 새로 사 주신 멜빵바지를 입고 학교에 갔는데, 화장실 거울에 비친 제 모습을 보고 충격을 받았던 기억이 나요. 아랫배가 올챙이배처럼 볼록 나와 있는 거예요. 그래서 다른 친구들도 그런가 하고 살펴봤는데 친구들 배는 홀쭉했죠. 이때 처음으로 제가 친구들보다 통통하다는 것을 알았어요.

초등학교 6학년 때 키는 163cm, 몸무게는 58kg이었는데(그때 키 성장이 멈춰서 지금 키도 163cm랍니다), 물론 성인이라면 정상 체중 범주에 들지만, 그 당시 저와 키가 비슷한 친구들이 45~50kg이었던 것을 생각하면 살이 찐 편이었죠. 아마도 먹거리가 많이 달라진 현재 초등학생 평균치와는 다를 거예요. 당시 초등학교에는 비만인 학생이 한 반에 한 명 있을까 말까 했고요.

중학교에 들어가면서 60kg, 고2 때는 63kg까지 쪘어요. 가끔 추억에 젖어 고3 때 찍은 사진을 보면 날씬한 친구들 사이에서 저 혼자 푸짐한 자태로 웃고 있더군요. 어른들이 "대학교 가면 다 살 빠져"라고 했는데 그 말은 진짜였어요. 대학생이 되자마자 운동이나 먹는 것, 어떤 관리도 하지 않았는데 한 달 만에 6kg이 공짜로 빠져서 57kg이 되었어요(63kg → 57kg, 정상 체중). 조금 통통하기는 했지만 그럭저럭 만족했기 때문에 다이어트를 해야겠다는 생각은 안 했어요.

혹시 살이 쉽게 빠지는 체질인 건가요? 그렇다면 실망인데!

흠. 더 들어 보세요. 쉽게 빠진 살은 쉽게 찐다는 말이 있죠. 대학생도 되고 살도 빠져서 신나게 술도 좀 마시고 놀다 보니 빠졌던 6kg이 순식간에 다시 쪘어요(57kg → 63kg, 과체중). 그러던 어느 날, 친구가 워터파크에서 비키니를 입고 S라인을 뽐내며 찍은 사진을 메신저 프로필에 올린 것을 봤어요.

'이 친구 분명히 운동도 안 하고 나보다 훨씬 많이 먹는데 왜 이렇게 날씬하지? 정말 얄밉다.'

부러움이 물밀 듯이 밀려오더군요.

'아, 내 생에 비키니를 입을 날이 있을까?'

친구 사진을 보고 나니 날씬한 몸으로 비키니를 입고 싶다는 생각뿐이었죠. 못 할 것도 없다는 생각을 한 저는 생에 한 번쯤은 날씬해 보고 싶다는 욕망에 가득 차서 학생 신분에 있는 돈 없는 돈 다 털어서 입고 싶은 비키니를 샀어요. 그리고 방에 예쁘게 걸어 두고 간식이 먹고 싶을 때마다 비키니를 보면서 악착같이 참았죠. 친구를 만나 카페에 가도 절대 케이크 같은 디저트는 먹지 않았고, 친구가 사탕 정도는 괜찮다며 손에 쥐여 줘도 거절했어요. 당장 헬스장에도 등록했죠. 일주일에 4번 2시간씩 운동하고, 저녁에는 무조건 닭 가슴살과 고구마 샐러드로 배고픈 한 끼 식사를 끝냈어요. 단 게 너무 당길 때만 보상으로 초콜릿을 한 조각씩 먹었죠.

정말 독하게 다이어트를 했네요.

열심히 운동하고 식단을 지키며 6개월을 보냈더니 16kg 감량에 성공해 47kg이 되었어요. 그다음 해부터는 그토록 입고 싶던 비키니를 입고 매년 워터파크를 방문했습니다. 날씬한 몸이 마음에 들었기 때문에 살이 찌지 않도록 운동은 생활처럼 했고, 조금이라도 살이 찌면 굶어서 몸매를 관리했죠. 요요? 그런 거 없었어요. 6년 동안 철저한 관리 속에 날씬함을 유지했는걸요. 그때만 해도 평생 날씬하게 살 수 있을 줄 알았어요. 그랬던 제가 날씬한 몸과 멀어지게 된 계기는 바로 결혼입니다.

살찌는 체질인가 봐요

연애 때는 몸매 관리하느라 데이트를 하면서도 잘 먹지 않았어요. 떡볶이, 돈가스, 길거리 음식을 좋아하는 남편몬(남편의 애칭)은 잘 먹지 않는 저 때문에 저녁 메뉴를 정하는 게 힘들었대요. 그러던 어느 날 남편몬 자취방에 놀러 갔는데, 남편몬이 직접 해 준 요리에서 신세계를 맛보고는 놀라움에 무릎을 탁 쳤어요.

"아! 이 남자와 꼭 결혼해야 해!"

엄마가 해 준 음식보다 더 맛있는 남편몬의 요리(엄마 미안해). 잘 먹지 않는 생활을 유지했던 터라 요리와도 거리가 멀었던 나에게 남편몬의 요리는 정말이지 위대했어요. 첫술을 떠먹여 주는데 남편몬 뒤에 후광이 좌!

자취방 데이트를 할 때마다 남편몬이 좋아하는 바닐라 아이스크림을 후식으로 먹었어요. 맛있는 음식을 먹고 아이스크림까지 먹으니 천국이 따로 없더라고요. 우리는 그렇게 1년 반의 연애 끝에 결혼에 골인했답니다.

그런데 남편몬의 기가 막힌 손맛이 문제(?)였어요. 우리는 날마다 맛있는 음식을 해 먹었고, 남편몬의 가르침하에 요리하는 재미에 눈떠 버린 저는 점점 더 자극적이고 맛있는 요리를 찾게 되었죠. 후식으로 즐기던 바닐라 아이스크림은 떨어지지 않도록 늘 냉동실에 채워 놓았고요. 이렇게 1년 정도 보내고 나니 우리는 비만이 되었습니다. 남편몬은 10kg이 늘어 68kg에서 78kg, 저는 23.8kg이 늘어 47kg에서 70.8kg이 되었지요.

1년 만에 23kg 이상 찌는 게 가능하다니. 인생 최고 몸무게를 찍은 거네요.

네, 가능하더라고요. 제일 억울한 것은 같은 음식을 먹었는데도 남편몬보다 제가 2배 이상 살이 쪘다는 거예요. 역시 저는 관리를 안 하면 바로 살찌는 저주받은 체질이었던 걸까요? 이렇게 심각하게 살이 쪘는데도 불구하고, 남편몬과 먹는 것이 좋고 행복해서 체중을 감량하고자 하는 생각이 전혀 없었답니다. 어차피 결혼했는데 먹는 것을 포기하고 몸매 관리 따위를 해 봤자 더 행복해질 것 같진 않았거든요. 더 살찌지만 말자는 생각으로 먹는 것을 멈추지 않았어요.

그런데 어느 날부터 몸이 하나둘씩 고장 나기 시작했죠. 조금만 움직여도 몸이 피로하고 걸을 때마다 무릎이 시큰시큰하고, 무엇보다 한 번도 아파본 적 없는 허리에 통증이 느껴지기 시작했습니다. 그리고 생리가 멈췄어요. 원래도 생리 주기가 불규칙했기 때문에 생리가 멈췄다는 사실을 알아챘을 땐 이미 6개월이 훌쩍 지난 뒤였어요.

혹시 임신한 거 아니었어요? 그래서 살이 쪘던 거고?

저도 처음엔 그런 줄 알고 깜짝 놀라서 임신 테스트를 했는데 아니더군요(머쓱). 여성 병원에 가니 살이 쪄서 그런 거라며 생리 유도 주사를 맞고 다이어트를 하라는 선고를 받았습니다. 건강에 자신이 있던 저에겐 꽤 충격이었어요. 살이 찐 자체가 건강한 것과는 거리가 멀다는 당연한 사실을 너무 늦게 깨달은 거죠.

그래서 그때부터 열심히 운동하고 배부르게 먹으면서 21kg을 감량한 건가요?

운동요? 하하. 처음엔 그런 식으로 살을 빼야겠다고 생각했죠. 운동으로 살을 빼 봤으니 이번에도 운동을 열심히 하면 살이 빠질 거라고 생각했어요. 6년 전 헬스장에서 트레이너에게 자세가 좋다는 칭찬을 많이 들었기 때문에 운동에는 자신이 있었죠. 그래서 헬스장 대신 운동 기구에 투자해 홈트(홈트레이닝)를 시작했어요. 살을 빼려면 유산소 운동을 해야 한다고 해서 사이클, 워킹 머신, 요가 매트 등을 사서 매일 유산소 운동 1시간, 맨몸 근력 운동 3종류를 2세트씩 했어요. 결혼 후 운동을 그만두었기 때문에 오랜만에 하는 운동이 힘은 들었지만 그만큼 살이 빠지겠거니 하면서 뿌듯해했지요.

그래서 얼마나 빠졌어요?

더 쪘어요. 나름대로 열심히 운동하고 밥도 조금만 먹었는데 몇 주가 지나도 체중이 전혀 줄어들지 않는 거예요. 68kg일 때 운동을 시작했는데 오히려 1kg이 더 쪄 버렸죠. 게다가 무리했던 것인지 운동을 몇 주 하고 나니 무릎과 허리의 통증이 더 심해져 걷는 게 힘들어졌어요. 특히 계단을 내려갈 때마다 너무 아파서 곡소리가 날 정도였지요. 황급히 병원에 갔더니 비만인 상태에서 운동을 과도하게 해서 관절과 허리에 큰 무리가 온 거래요. 살을 먼저 빼고 운동을 해야지 그 상태로 운동을 계속하면 더욱 악화될 수밖에 없다고요.

그런데 운동을 하지 않고 어떻게 살을 빼요?

제 말이! 운동을 하지 않고 어떻게 살을 뺀다는 걸까요?

포기하면 편할까?

다이어트는 운동 열심히 하고 적게 먹는 게 진리 아닌가요? 평생 이렇게 통증을 느끼며 살찐 채로 살아야 할까 봐 너무 무서운 거예요. 30대가 되었더니 살찌는 체질이 되었나? 나잇살인가? 어디서부터 잘못된 걸까? 이런저런 생각에 우울했어요. 실패자가 된 기분에 더는 의욕도 생기지 않았죠. 모든 것을 포기하고 싶어졌어요. 식사량 조절도 안 하고 의사의 처방에 따라 운동도 그만뒀습니다. 어차피 적게 먹고 운동해도 살이 찌는데 뭐 하러 노력을 하나요?

'삐뚤어질 테다'와 같은 태세 전환인가요?

네. 나름대로 이것저것 노력했는데 체중은 줄지 않고 고통스럽기만 해서 더는 엄두가 나지 않는 거예요. 아마 저뿐만 아니라 다이어트에 실패한 많은 분이 저와 비슷한 경험을 하셨을 거라고 생각해요. 이쯤 되면 괜히 체질 탓을 하게 되고 상황 탓, 나이 탓도 하게 됩니다.

제가 운영하는 〈맛불리TV〉에는 저와 비슷한 고통을 겪은 분들이 자신은 "모태뚱뚱(타고난 뚱뚱함)이다" "살이 잘 찌는 체질이다" "살이 안 빠지는 체질이다" "나잇살이라 안 빠진다" "살이 처질까 봐 걱정된다" "귀찮다" "시간 없다" 등 수많은 댓글을 남깁니다. 이런 분들께 제가 드리고 싶은 말은 이거예요. "그래서 그대로 자기 자신을 방치할 생각인가요?"

그대로 자신을 방치하면 몸은 점점 더 망가질 거예요. 네, 이것도 제 이야기입니다. 더 망가지더라고요. 운동을 그만두고 다시 먹기 시작하니 70kg까지 쪘지요. 몸이 더 무거워지니까 통증이 더 심해지고, 통증이 심해지니 더 걷지 않게 되고, 걷지 않으니 활동량이 부족해지고, 활동량이 부족해지니 살이 더 찌는 악순환이 시작된 거죠. 이대로 가다간 계속 악화될 것이고, 운동을 못 한다고 해서 체중 감량을 포기하면 결국 평생 이 고통에서 해방될 수 없을 거라는 생각이 들었어요. 현실을 받아들이고 새로운 마음으로 시작해 보기로 했어요. 아니, 이 굴레에서 벗어나기 위해 당장 뭐라도 시작해야만 했습니다.

운동 안 하고 살 빼기로 결심하다

결론부터 얘기하면, 저는 운동을 하지 않고 21kg을 감량했어요. 지금도 날씬할 때처럼 관절과 허리 건강이 완벽하게 회복되지는 않았어요. 다행히 살을 뺀 후 걷는 데는 문제가 없지만 운동을 시도하면 아직도 관절이 삐걱거리고 허리에 통증이 느껴져요. 한번 잃어버린 관절과 허리 건강은 되찾기가 매우 어려운 것 같아요. 비만인 분들은 저처럼 선불리 운동하다가 다칠 수 있으니 신중하게 시작하셨으면 좋겠어요. 운동을 꼭 하고 싶다면 전문가의 도움을 받는 것을 진지하게 고려해 보세요. 비만이라고 반드시 다친다는 법은 없지만, 조심해서 나쁠 것은 없다고 생각합니다. 운동을 아예 하지 말라는 뜻이 아니라 운동을 언제 시작할지 그 시기를 잘 파악하는 것이 중요해요. 무엇보다 비만인 상태로 혼자 하는 홈트(홈트레이닝)만큼은 조심하는 게 좋을 것 같아요.

제가 생각하는 체중 감량의 열쇠는 운동이 아니라 '지속 가능한 다이어트'입니다. 얼마나 절실한 마음으로 임하는지, 어떤 것을 우선순위로 두는지에 따라 다이어트의 성패가 갈려요. 건강과 아름다운 라인을 만드는 데는 운동이 필수지만 체중 감량에서만큼은 선택입니다.

그래도 운동을 하지 않으면 살이 처지지 않을까요?

그건 사람마다 다른 것 같습니다. 저는 6년 전 열심히 운동해서 다이어트에 성공하고 배와 허벅지에 근육도 생겼지만 살에 탄력은 전혀 없었습니다. 운동한다고 모든 사람이 탄력 있게 살이 빠지는 건 아니더라고요. 70.8kg까지 살이 쪘다가 21kg을 뺀 지금도 마찬가지입니다. 그렇다고 예전보다 탄력이 더 떨어진 건 아니고 비슷한 것 같아요.

예전에 절실하게 외모 개선을 원하는 사람을 성형해 주는

TV 프로그램이 있었는데, 출연자 중 한 분이 운동으로 체중을 줄였지만 "돼지 껍질처럼 살이 처져 버렸다"며 성형을 원하는 걸 본 적이 있어요. 그분은 탄력이 없는 정도가 아니라 피부가 굉장히 많이 처져서 저도 상당히 놀랐죠. 반면에 체중을 50kg 넘게 감량하고도 전혀 살이 처지지 않은 분도 봤어요. 그 비법이 궁금할 정도로요.

이런 이야기를 하는 이유는, 운동이 꼭 탄탄한 살을 보장해 주는 건 아니라는 말씀을 드리고 싶어서예요. 보장되지 않은 것을 걱정하느라 다이어트가 늘 작심삼일이라면, 결국 뚱뚱하게 살아가야 할 수밖에 없어요. 편안하게 실천할 수 있는 것부터 시작하는 게 다이어트를 지속할 수 있는 원동력이 되니 운동에 대한 강박은 일단 버리세요. 체중 감량의 기쁨을 맛보고 자신감을 회복한 뒤에 운동을 병행해도 되니까요.

그러면 지금 하는 운동을 그만둬도 될까요?

그렇지 않습니다. 이미 운동을 하고 있다면 중단했을 때 줄어든 활동량으로 인해 요요가 올 수 있으니 그만두기보다는 운동을 지도하는 전문가에게 꼭 조언을 구해 보세요. 다만 '감량'을 위해 운동하고 있다면, 이 책에서 소개하는 맛있고 배부른 식사만으로도 감량이 가능하니 운동을 격하게 많이 해야 한다는 강박을 조금은 덜어내도 좋습니다.

(의심의 눈초리로 쳐다보며) 알겠어요. 그럼 맛불리는 평생 운동 안 할 거예요?

저는 운동을 하지 않기 위해서가 아니라 운동을 하기 위해서 살을 뺀 거랍니다. 태생적으로 파워풀한 운동을 좋아하기 때문에 다시 운동을 시작할 날을 손꼽아 기다리고 있어요. 운동은 '체중 감량'엔 선택이지만 '건강'엔 필수이기 때문이에요! 21kg을 줄인 지금도 삐걱거리는 관절 때문에 강도 높은 운동은 못 하고 있지만, 몸이 허용하는 범위 내에서 많이 걸으려고 노력해요. 다만 식사 개선만으로도 체중 감량이 가능한 것을 체험했기 때문에 앞으로도 '건강'을 위한 부담 없는 운동을 할 것이고, '체중 감량'에 압박이 되는 운동은 하지 않을 생각입니다.

정리하면, 운동은 체중 감량 후 건강 목적으로 해도 되니 강박을 가지지 말라 이거군요.

네! 맞아요. 가장 중요한 것은 "평생 지속할 수 있는 강도의 다이어트"라는 것을 잊지 마세요. 운동에 대해서는 뒤에서 한 번 더 이야기하겠습니다.

88사이즈의 괴로움

제가 다이어트를 결심하게 된 이유는 건강 때문만이 아니었어요. 살찐 사람의 고통은 살쪄 본 사람만 알 수 있어요. 사람들은 살찐 사람을 보면 둔해 보인다거나 운동을 하지 않고 너무 많이 먹어서라고 생각하는데 꼭 그렇진 않아요. 그리고 설사 그렇다 하더라도 그게 죄는 아니잖아요? 사람마다 성향이 다르고 원하는 게 다른 법이니 말이에요. 살이 찐 저는 어딜 가나 왠지 눈치가 보였고 자존감은 한없이 낮아져만 갔죠. 지금 생각하면 돌아가고 싶지 않은 순간들을 정말 많이 경험했어요.

살이 찌면 무엇보다 안 좋은 게 예쁜 옷을 못 입는다는 점이에요.

맞아요. 저도 살이 쪘을 때 건강 다음으로 불편한 것이 옷이었어요. 옷장 속에 옷이 가득해도 정작 입을 옷은 없는 분 많잖아요(저만 그런 거 아니죠?). 그런 데다 저는 사이즈도 달라져서 허벅지를 통과하는 옷이 두세 벌에 불과했죠. 그래도 저는 변해 버린 제 사이즈를 인정하기 싫었어요. 왜 그런 기분 있잖아요. 내 사이즈를 인정하는 순간 두 번 다시 살을 뺄 수 없을 것만 같은 마음!

어느 날 시어머니께서 옷을 선물해 주신다고 해서 같이 백화점에 갔어요. 감사하고 신나는 일이었죠! 설레는 마음으로 매장 이곳저곳을 누비다 분홍색 원피스를 하나 발견했는데 마음에 꼭 들었어요. 제법 큼직해서 입을 수 있겠다는 생각도 들었고요. 피팅룸에 가서 입어 보니 몸에 좀 붙긴 해도 지퍼가 올라갔어요. 역시 내 눈썰미란! 하지만 밖으로 나와 거울을 보니 분홍색 소시지가 따로 없더군요. 그래서 직원한테 한 사이즈 큰 옷을 요청했죠.

"고객님, 저희 매장에는 큰 사이즈가 없습니다."

직원은 다소 난감한 표정을 지었지만 저는 오랜만에 제게 맞는(?) 예쁜 옷을 발견했기 때문에 놓칠 수 없었어요. 주문을 해서라도 사고 싶었죠.

"큰 사이즈를 주문하면 언제 받을 수 있어요?"

"고객님이 입어 보신 게 77인데 저희 브랜드는 88사이즈가 나오지 않아요."

88사이즈? 그제야 직원의 말을 이해했어요. 그날 직원의 표정과 말투는 제 평생 잊을 수 없을 거예요. 6년 전 다이어트에 성공한 뒤로는 55사이즈가 헐렁할 지경이었는데, 88사이즈라니요. 살이 많이 찐 줄은 알았지만 그 정도인 줄은 미처 몰랐어요. 시어머니 앞에서 이게 무슨 상황인지. 마음속에서는 충격으로 '우르르 쾅쾅' 번개가 쳤지만 애써 태연한 척하며 억지로 그 77사이즈 원피스를 샀습니다. 더 이상 다른 매장을 돌아다니며 같은 수모를 겪고 싶지 않았거든요. 내색은 안 하셨지만 선물해 주시는 시어머니 마음도 편치 않으셨을 거예요.

살이 찌면 사실 그냥 걷는 것도 힘들어요. 흑흑.

살쪄 본 사람만 알 법한 고통인데, 허벅지끼리 엄청 친해지는 거 아시나요? 두 허벅지가 극강의 친목을 자랑해요. 틈새라고는 찾아볼 수 없을 정도로 딱 붙어 다니는 거예요. 가만히 있을 때는 괜찮지만 걸을 때마다 마찰이 심해 피가 날 정도로 쓸려요. 너무 따가워서 밤에는 연고를 바르고 아침엔 베이비 파우더를 발라가며 출퇴근을 했어요. 무릎 상태도 좋지 않은데 허벅지까지 말썽이니 한 걸음 한 걸음 걸을 때마다 고통스러워 서러웠죠.

하루하루 불어가는 몸무게에 구석구석 망가지는 몸이 주는 고통, 거기에 난감하고 민망한 상황까지 자꾸 겪으니 저는 작은 일에도 예민하게 굴기 시작했어요. 죽고 싶다는 생각까지 들 정도로 매일 패배감에 시달렸죠. 긍정의 아이콘이라 자부했던 제가 죽고 싶다는 생각을 하다니, 비만과 건강 악화가 정신까지 갉아먹고 있었던 거예요. 넘쳐나던 자신감은 온데간데없고 비관적이고 소극적인 자신을 직면하니 그제야 진정으로 다이어트가 절실해지더라고요. 건강할 만큼만 살을 빼겠다고 생각하며 비만만 모면하려 했는데 생각이 달라졌어요. '자신감을 회복하고 행복을 느끼려면 내가 만족할 만큼 빼야겠구나. 그리고 평생 다시 살이 찌면 안 되겠구나.'

다이어트,
실패와 자책의 굴레

다이어트를 생각했을 때 먼저 떠오르는 방법은 무엇인가요?

운동 많이 하고 적게 먹는 거 아닌가요?

맞아요! 저도 그렇게 해서 다이어트에 성공한 적이 있어요. 틀린 말은 아닙니다. 호기롭게 마음을 다잡고 6년 전 다이어트에 성공했던 경험을 떠올리며 독하게 마음을 먹었어요. 운동은 하기 힘든 상태의 몸이니 음식이라도 적게 먹자고 생각하고 살이 찌지 않을 만한 음식을 골라 먹기 시작했지요. 아침에는 아몬드 두유 한 팩, 점심엔 일반식 밥 반 공기, 간식으로는 시럽을 첨가하지 않은 라테를 마셨습니다. 그리고 저녁에는 고구마와 닭 가슴살을 번갈아 샐러드와 함께 꾸역꾸역 먹고, 정말 식욕을 억누르기 힘들 때는 초콜릿 한 조각을 보상으로 먹었고요.

그런데 일주일째 되는 날, 배 속에 구멍이 난 것처럼 허기가 지고 음식에 대한 집착이 심해졌어요. 길을 걷다가도 어디선가 풍겨 오는 향긋한 음식 냄새에 금방이라도 이성을 잃을 것만 같았죠. 일을 하고 있으면 직장 동료들이 오가며 한 입 정도는 괜찮다며 간식을 권하는데 일일이 사양하는 것도 힘든 일이었어요. 그 상태로 며칠이 더 지나니 음식에 대한 갈망이 점점 더 커져 날카롭고 예민해졌어요. 남편몬이 제 앞에서 라면만 먹어도 정말 밉고 작은 일에도 펄펄 날뛰다 보니 싸움도 잦아졌고요.

다이어트를 시작한 지 고작 열흘 만에 1년을 굶은 사람처럼 식사 시간만 기다리고 일에 집중도 되지 않았어요. 위장이 줄어서 괜찮을 줄 알았는데 오히려 배고픔이 심해지는 거예요. 무엇보다 신기한 건 이렇게 배고픈 시간을 견디는데도 살은 또 찌는 거였어요. 결국 보름 만에 다시 다이어트를 포기할 뻔

했어요. 이 고통스러운 생활을 감당할 자신이 없더라고요. 도대체 얼마나 적게 먹어야 살이 빠질는지, 이보다 더 적게 먹으면 굶어 죽는 게 아닐까 싶을 정도였죠. 뾰족한 해결책이 떠오르지 않던 그때 문득 이런 생각이 들더군요.

'아, 출발선이 다르구나.'

6년 전에는 팔팔한 20대 초중반에 63kg 과체중이 출발선이었지만, 지금은 30대에 70.8kg으로 비만. 같은 사람이지만 몸의 대사 능력이 다르고 운동 가능 여부도 달랐습니다. 즉, 과거와 같은 양을 먹어도 같은 효과를 기대하기는 어렵다는 것이죠. 설령 지금과 같은 방법으로 다이어트에 성공한다고 한들 평생 유지할 수는 없다는 생각이 들었어요. 이렇게 늘 배가 고픈데 적응이 될 리가 없잖아요. 게다가 저는 천생 먹보인걸요. 맛있는 음식을 즐기는 행복을 포기할 수가 없어요.

저도 그것만큼은 정말 포기할 수가 없어요. 그래서 살은 빠졌나요?

아뇨. 결국 적게 먹는 다이어트는 배고픔으로 얼룩진 채 20일 만에 끝났습니다. 그러고 나니 그동안 음식을 참았던 서러움이 터져 나오며 폭식을 하기 시작했어요. 무섭도록 식욕이 왕성해져서 위기를 느끼던 중 우연히 SNS에서 다이어트 보조제 광고를 봤어요. 금방이라도 내 살들을 호로록 빼 줄 것 같은 광고에 매료되었죠. 요즘은 왜 그렇게 광고를 잘 만드는 걸까요? 매우 비싼 가격에 손이 바들바들 떨리긴 했지만 그래도 먹지 않는 것보단 낫겠다는 생각에 지갑을 열었답니다.

한 달을 먹었지만 광고에서 보여 준 영험한 효과는 나타나지 않았어요. 물론 다이어트 보조제로 효과를 본 사람도 있을 수 있겠지만, 적어도 제 주변엔 없어요. 저를 포함해서 말이죠. 공연히 보조제를 먹으면서 밥을 많이 먹어서 그런가 하며 저의 의지만 탓했지요. 여러분은 어떤가요? 자신과 맞지 않는 무리한 계획을 세우고 꾸역꾸역 실천하다가 답답해서 보조제도 먹어 보고, 결국엔 실패하지 않았나요? 그리고 자신의 의지가 약했다고 생각하고요.

그럼 도대체 왜 자꾸 다이어트에 실패하는 걸까요?

체중을 줄이려면 결국 자신이 견뎌낼 수준으로 다이어트

를 해야 하는데 그 방법을 몰랐을 뿐이에요. 그리고 계속 음식을 먹고 싶은 건 '갈망하게 만드는 음식'을 '갈망하는 식사법'으로 섭취했기 때문이에요. 저는 우연히 한 신문 기사를 보고 이것을 깨달았습니다.

다이어트라고 생각한 달콤한 착각

이 기자 양반이 대체 뭐라는 거야? 뭐? 먹고 싶은 거 다 먹어도 살이 빠진다고?

기자 양반이라니, 그 기자 선생님 덕에 다이어트에 성공했으면서!

그렇습니다. 기자 선생님 덕분에 지금의 맛불리가 있습니다! 하지만 당시에는 정말 충격이었어요. 제가 본 기사는 "간헐적 단식"에 대한 내용이었습니다. 적게 먹고 운동 많이 하는 게 다이어트의 정석이라고 여겨 왔는데, 식사 시간만 지키면 먹고 싶은 것 다 먹어도 살이 빠진다니, 세상에 이런 다이어트가 다 있다니요? 말도 안 된다고 생각했지만 지푸라기라도 잡고 싶은 심정으로 알아보기 시작했어요. 그러고는 무릎을 탁 쳤어요.

"모든 퍼즐이 맞춰졌어!"

그동안 적게 먹어도 살은 빠지지 않고 배만 고팠던 이유에 대한 의문이 풀렸어요. 중요한 것은 먹는 양이나 운동량이 아니었던 거죠.

물론 간헐적 단식이 먹고 싶은 음식을 마음껏 먹을 수 있는 만능 다이어트는 아니지만, 그 원리를 알고 나니 지금까지 해 왔던 식단이 문제라는 것은 알 수 있었죠. 간헐적 단식의 원리는 '인슐린'을 조절해 지방 저장을 멈추고 지방을 태우도록 하는 거예요. 인슐린은 쉽게 말하면 '지방 저장 호르몬'인데 정제 탄수화물(당질)을 많이 먹을수록 많이 분비됩니다. 이렇게 인슐린이 많이 분비되면 남아도는 당을 지방으로 저장해 버려요. 즉, 인슐린이 자주, 많이 분비될수록 지방이 축적되고, 인슐린이 분비되지 않는 시간이 길어질수록 지방을 태우는 데 유리해지는 거예요.

일단 제가 다이어트 중에 먹었던 음식이 왜 다이어트에

전혀 도움이 되지 않았는지부터 살펴볼게요.

아침: 아몬드 두유 또는 두유

액체 탄수화물 그리고 정제된 탄수화물일수록 체내 흡수가 빠르고 혈당도 빠르게 올립니다. 많은 아몬드 두유와 두유에는 정제 탄수화물인 설탕이 첨가되어 있기 때문에 인슐린을 자극하기에 충분한 조건이었죠!

점심: 사 먹는 일반식

음식점은 음식이 맛없으면 손님의 발길이 끊기기 때문에 설탕을 많이 첨가하기 마련입니다. 직장 생활을 하다 보니 점심을 사 먹게 되고, 이왕이면 맛있는 음식점을 골라 다녔어요. 이는 당연히 살찌는 원인이 됩니다.

간식: 시럽이 첨가되지 않은 라테

시럽을 첨가하지 않았으니 라테 정도는 괜찮을 거라 생각하며 거의 매일 마셨어요. 업무에 몰두하다 보면 저녁 먹기 전에 배가 너무 고파서 라테로 배고픔을 달랬죠. 하지만 우유에는 유당이라는 탄수화물이 들어 있어요. 식사 사이에 라테를 먹으면 인슐린이 쉴 새 없이 분비돼요. 게다가 우유는 흡수도 빠른 액체 형태죠. 금세 배가 다시 고파지기에 충분한 조건이에요.

저녁: 고구마와 닭 가슴살 샐러드

아침, 점심, 간식 모두 정제 탄수화물이 많이 함유된 음식을 섭취하면 흡수가 빨라 금방 허기가 집니다. 퇴근 후에는 엄청나게 큰 고구마를 순식간에 흡입하고 채소를 별로 좋아하지 않아서 샐러드에는 달달한 드레싱을 뿌려 먹었어요. 고구마를 익히면 당도가 올라갈뿐더러 고구마 역시 탄수화물이므로 많이 먹으면 밥 먹는 것과 큰 차이가 없었던 거예요. 게다가 샐러드드레싱에는 정제 탄수화물인 설탕이 들어가 있었고요. 많은 양의 고구마와 설탕이 인슐린 자극을 빵빵하게 한 셈이죠.

가끔 먹는 디저트: 초콜릿 한 조각 또는 마카롱 반 개

탄수화물은 다른 탄수화물을 부릅니다. 그게 바로 탄수화물 중독이에요. 종일 탄수화물 가득한 식사를 하면 배가 빨리 꺼지기도 하지만 입이 계속 심심해요. 밤마다 헤어진 연인을 그리워하듯 야식이 그리워서 배달 앱을 켰다 끄기를 반복하다가 도저히 못 참겠다 싶을 때 초콜릿 한 조각이나 마카롱 반 개 정도를 먹었어요. 늦은 밤에 말이죠.

이른 아침부터 밤늦게까지 끊임없이 인슐린을 자극하는 정제 탄수화물 위주로 식사했으니 아무리 적게 먹어도 살이 빠지지 않았던 거예요. 배도 그만큼 빨리 꺼져서 늘 허기졌고요. 다이어트를 할수록 입맛이 미친 듯이 살아나서 음식을 끊임없이 갈망하게 됐어요.

그렇게 다이어트 실패의 원인을 알아가던 중, 번쩍이는 아이디어가 떠올랐어요! '그렇다면 인슐린을 자극하지 않는 식사를 하면 많이 먹으면서도 살을 뺄 수 있다는 거잖아? 이 규칙만 지킨다면 맛있고 배부르게 먹을 수 있지 않을까?' 이런 생각으로 간헐적 단식과 더불어 '맛있고 배부른 다이어트 레시피'를 만들기 시작했습니다.

당신이 다이어트에 실패하는 진짜 이유

'다이어트 식단' 하면 샐러드가 먼저 떠오르고 아무리 먹어도 배고플 것 같죠. 배고픔을 견뎌야 한다는 부담감 때문에 시작도 하기 전에 마음이 무겁고요. 다이어트를 하는 많은 사람이 채소와 닭 가슴살만 먹으면서, 살 빠지면 예전처럼 맛있는 음식을 먹을 생각으로 이를 악물고 버팁니다. 하지만 정말 그래도 되는 걸까요? 제 대답은 "아니요"입니다.

너무 팍팍하시네. 살 빠지고 나면 먹고 싶은 게 얼마나 많은데!

살이 찌는 건 바로 '살찌는 습관' 때문이라고요. 요요는 체중 감량 후 다시 그 습관으로 돌아가기 때문에 오는 거예요. 언젠가 다시 마음껏 먹을 생각으로 다이어트를 시작하면 마음 한구석에는 늘 먹고 싶은 음식이 자리 잡고 있을걸요. 결국 참고 참다가 폭식할 가능성이 크죠. 운동으로 체중 감량에 성공했다면 그 운동을 계속해야 줄인 몸무게를 유지할 수 있고, 특정 식단으로 체중 감량에 성공했다면 그 식단을 유지해야 요요가 오지 않아요. 받아들이기 힘들겠지만 다이어트는 평생 해야 한다고 생각합니다. 좀 더 정확히 말하면 살찌지 않는 습관을 익혀 다시 비만이 되지 않게 하는 거죠.

평생 운동 빡세게 하면서 닭 가슴살과 풀만 먹으란 말이에요?

아니에요. 식욕 조절을 잘하게 된 지금의 저도 빡센 운동은 하지 못할뿐더러 닭 가슴살과 풀만 먹는 식사를 계속할 수는 없어요. 그러니 우리는 유지하기 쉬우면서 맛있고 배부른 다이어트를 계획해야겠죠?

여러분이 탄수화물 가득한 식습관으로 되돌아가고 싶어 하는 욕구는 충분히 이해합니다. 살면서 수십 년간 길들인 입맛을 어떻게 한순간에 바꿀 수 있겠어요. 다이어트 초기에는 먹고 싶은 음식이 많은 것이 당연해요. 위장에서 탄수화물을 내놓으라고 아우성을 치죠. 하지만 조급하게 생각하지 말고 습관을 조금씩 개선하면 이러한 욕구는 자연스럽게 흐려집니다. 다행히 저는 맛있고 배부른 식단으로 다이어트 초기를 무사히 넘겼더니 그다음부터는 아주 쉬웠어요. 의지가 바닥을 친 저도 했으니 여러분도 당연히 할 수 있습니다!

그러면 맛불리는 평생 다이어트 식사만 할 건가요?

절대 아니죠. 21kg을 감량한 지금, 먹고 싶은 음식을 다 먹고 있거든요. 치킨, 짜장면, 짬뽕, 피자, 라면, 떡볶이, 케이크, 마카롱 등 누가 봐도 살찌는 음식도 잘만 먹어요. 그럼에도 요요 없이 몸무게를 유지할 수 있는 이유는 '절대 살이 찔 수 없는 규칙'을 정해 놓고 먹기 때문입니다. 앞서 다이어트에 실패했던 식단도 사실 먹는 방법에 따라 살이 찌지 않을 수 있는데, 규칙 없이 마음껏 먹은 게 문제였던 거죠.

여기서 주목해야 할 점은, "어떤 음식을 먹으면 살이 찔

까?"가 아니라 "왜 맛있는 음식을 마음껏 먹고 싶은가?"예요. 맛있는 음식이니 당연하다고 생각할 수 있지만, 우리는 이 점을 의심해 봐야 합니다. 우리가 살찌는 음식으로 알고 있는 것들은 대부분 배가 불러도 계속 먹게 되는 경우가 많아요. 식욕 조절이 안 되기 때문입니다. 식욕 조절은 의지만으로 해결할 수 있는 단순한 문제가 아니에요. 무너진 생체 리듬 또는 (현대인에게 흔한) 만성 탈수 때문일 수도 있고, 특정 음식으로 인해 호르몬에 이상이 생겼기 때문일 수도 있어요. 여성은 생리 주기에서 오는 호르몬의 영향도 있습니다.

가장 심각한 경우는 이런 문제들이 복합적으로 생긴 '총체적 난국 상태'예요. 안타깝게도 다이어트에 매번 실패했다면 이런 상태일 가능성이 아주 높습니다. 한 가지 문제가 블랙홀처럼 다른 문제를 빠르게 끌어모아 상황을 악화시키거든요. 식욕을 조절하지 못하면 하루 이틀은 참아도 결국 얼마 못 가 폭식을 하게 됩니다. 그리고 폭식과 절식을 반복하다 보면 결국 지쳐서 다이어트를 포기하게 되죠. 아주 독하게 살을 빼는 데 성공한다 해도 아차 하는 순간 다시 돌아옵니다.

식욕을 조절하기 위해서는 우선 식욕 조절을 방해하는

식습관을 버리고, 생체 리듬을 바로잡고, 자신만의 규칙을 만들어야 해요. 이런 과정을 통해 '식욕을 참아내는 다이어트'가 아니라 '식욕이 조절되어 참을 필요가 없는 다이어트'를 한다면 평생 지속 가능한 다이어트를 할 수 있지 않을까요?

아, 너무 복잡하고 어렵네요. 그냥 빨리 뺄 수 있는 방법은 없나요?

아마 모든 다이어터가 당장 체중을 줄이고 싶을 겁니다. 하지만 체중 감량 속도는 체질과 나이 그리고 성별에 따라 다르기 때문에 어떤 사람이 얼마나 빨리 뺄 수 있을지는 그 누구도 몰라요. 분명한 것은 다이어트에도 단계가 있다는 거예요. 레벨 1의 유저가 레벨 10의 다이어트를 따라 하면 어떻게 될까요? 대부분 게임 오버가 되고 말 거예요. 유명 연예인이 했다는 다이어트나 TV에 나오는 단기간 체중 감량 사례만 보면 곧잘 따라 할 수 있을 것 같지만, 단편적인 부분만 봐서는 그들이 어떤 과정과 노력을 통해 성공했는지 알 수 없죠. 성공 사례만 보고 무작정 따라 하면 결국 게임 오버입니다. 레벨에 맞지 않는 단계부터 실행하면 금방 지쳐서 유지하기 힘들어요.

실패의 경험이 쌓일수록 다이어트의 의지가 상실되니 감량이 더디더라도 쉬운 단계부터 시작해야 합니다.

어휴, 알겠어요. 그러면 가장 쉬운 방법부터 알려 주세요.

앞서 강조한 것처럼 제가 생각하는 첫 번째 관문은 '식욕'입니다. 식욕을 지배하게 된 저는 이제 남편몬이 제 앞에서 야식으로 라면을 끓여 먹어도 밉지 않아요. 그만큼 먹고자 하는 욕구가 줄어 식사 시간 외에는 먹고 싶지 않게 되었거든요. 여러분도 할 수 있어요. 가장 실천하기 쉬운 것부터 알려 드릴게요.

PART 2

•

55사이즈로 직행! 맛불리 다이어트 로드맵

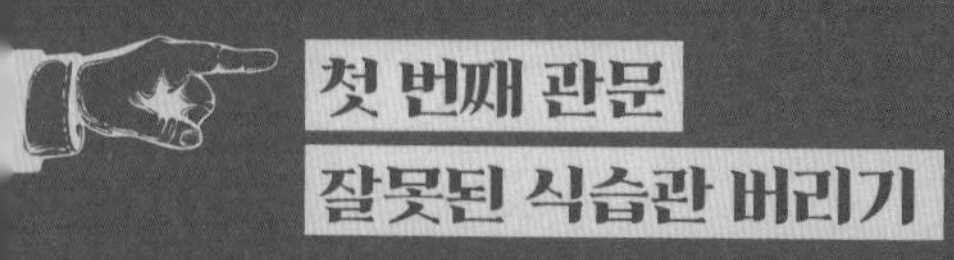

첫 번째 관문
잘못된 식습관 버리기

음식에 집착하지 않는 방법

간헐적 단식으로 다이어트를 시작한 지 한 달쯤 지나 6kg 넘게 살을 뺀 저는 직장의 악덕함(?)에 지쳐 사표를 집어던지고 집에서 일하는 프리랜서가 되었습니다. 그런데 환경이 이렇게나 중요했던가요? 출근을 하지 않으니 아침에 점점 늦게 일어나고 생활 패턴이 느슨해졌죠. 집에서 쉬는 편안함에 취해 손과 뇌가 심심함(?)을 느끼고, 심심함은 식욕으로 발전되더라고요. 몇 걸음만 걸으면 있는 냉장고 문을 하루에도 수십 번 열었다 닫았다 하면서, 피어나는 식욕과의 2차전을 치르게 됩니다. 어떻게 뺀 6kg인데 그대로 무너질 수는 없었어요. 식욕과의 전쟁에서 승리하기 위해 전략을 짜 보았습니다.

원인을 파악한다

잠잠했다가도 어느 순간 다시 돌아오는 식욕! 식욕은 잘못된 식습관, 무너진 생체 리듬 때문이기도 하지만 환경과 심리적인 부분도 크게 작용하기 때문에 식욕의 원천(?)이 무엇인지부터 파악하는 것이 중요해요. 저처럼 결혼이나 이직 등 갑작스럽게 생활 환경이 바뀐 경우, 강제적인 회식이 잦은 경우, 음식을 먹어야만 하는 직업을 가진 경우, 급작스럽게 스트레스를 받았거나 다이어트 때문에 갑자기 모든 욕구를 통제한 경우 등 여러 가지 원인이 있을 것입니다. 아무리 생체 리듬을 되돌리고 식습관을 개선한다 해도 환경적인 요인이 개선되지 않으면 언제든지 음식의 유혹과 맞닥뜨리고 말아요.

물론 각자 처한 환경적 요인을 개선하는 게 쉽지는 않겠죠. 그렇다고 방치하면 다이어트 성공과는 점점 멀어질 수밖에 없어요. "나는 어쩔 수 없어"라며 포기하지 말고 뭐라도 해 보자고요! 다이어트는 누가 해 주는 것이 아니라 자신의 평생 건강을 위해 하는 것이니까요. 일단 원인을 잘 생각해 보길 바랍니다.

지속적으로 동기를 부여한다

저의 개인적인 생각이지만 다이어트의 성공 여부를 결정하는 요인 중 70퍼센트는 마음가짐이라고 생각해요. 얼마나 절실한가, 얼마나 원하는가에 따라 밀려오는 욕구를 조절할 수 있는 힘을 얻게 되거든요. 단순히 살을 빼야겠다는 생각보다는 살을 빼야 하는 구체적인 이유를 지속적으로 생각하는 거예요.

단순한 동기 부여도 좋아요. 가까운 사람과 누가 더 다이어트를 잘하는지 내기를 하거나 제가 동기 부여의 수단으로 유튜브를 시작한 것처럼 다이어트 채널을 운영해 보는 건 어떨까요? 물론 SNS나 블로그로도 충분합니다. 다이어터끼리 팔로우하며 교류도 하고 의지하는 것도 좋고, 시작점이 비슷한 유저와 마음속으로 경쟁하는 것도 좋습니다. 작은 동기 부여라도 식욕이 폭식으로 이어지는 것을 꽤 막아 줍니다.

무리한 제한은 절대 금지

반복해서 강조하지만 처음부터 무리하게 많은 것을 제한하면 욕구를 채우지 못해 어느 순간 폭식하게 되고, 폭식이 호르몬을 변화시켜 다시 악순환의 굴레로 빠질 수 있습니다. 자신을 너무 믿고 엄격한 제한을 하지 말고, 천천히 하나씩 개선해 나가세요. 어느 순간 가속도가 붙는 날이 온답니다.

한 번 폭식했다고 자포자기하지 않는다

무리한 제한이나 스트레스로 인해 폭식을 해 버릴 때가 있어요. 신나게 폭식을 하고 아차 하며 후회한 뒤 "에이 몰라, 난 안 돼"라면서 다이어트를 포기하는 사람이 꽤 많습니다. 중요한 것은 마음가짐이라고 했죠? 폭식한 다음 날은 반성의 의미로 더 철저히 관리하면 됩니다. 이때 포기하면 그동안의 욕구가 폭발하면서 더욱더 많이 먹을 수 있거든요. 우리에겐 두 번째 기회가 있습니다. 폭식한 다음 날 없었던 일처럼 관리하는 방법을 뒤에서 소개할게요.

폭식을 부르는 단맛을 끊는다

식욕 조절에서 가장 큰 고비이자 꼭 필요한 단계는 '단맛 끊기'입니다. 단맛이 나는 대부분의 음식이 정제 당, 즉 지방 저장 호르몬인 인슐린을 분비시키는 '정제 탄수화물'이기 때문입니다.

탄수화물 = [식이섬유]+[당질]

탄수화물은 식이섬유와 당질로 이루어져 있어요. 단순하게 생각하면 살 빠지는 탄수화물은 식이섬유, 살찌는 탄수화물은 당질입니다. 우리가 제한해야 할 탄수화물은 바로 '당질'이에요.

탄수화물 중독이라는 말 들어 보셨나요? 탄수화물 섭취는 또 다른 탄수화물 섭취를 부릅니다. 혈당을 급격하게 높이는 정제 당질을 섭취하면 혈당이 오르락내리락하는데, 이 과정에서 이상 징후를 느낀 몸이 본능적으로 이를 해결하려고 들어요. 급격히 떨어진 혈당을 다시 높이기 위해 당질을 먹으라는 신호를 보내죠. 단것을 먹으면 입맛이 돋고 결국 폭식을 하게 되는 이유예요.

몸에 흡수되지 않고 혈당을 높이지도 않는다고 알려진 설탕 대체재는 어떨까요? 다이어트를 할 때 단맛에 대한 욕구를 충족시키기 좋다고 알려져 있지만, 흡수가 안 된다고 해서 몸에 아무런 작용을 하지 않는 것은 아닙니다. 뇌에서 단맛을 당으로 착각해 식욕을 돋울 수 있기 때문에 자주 섭취하는 것은 좋지 않다고 생각해요. 특히 식욕 조절이 잘 안 되는 사람은 더욱 조심해야 해요.

단맛 끊기는 가장 힘든 과정입니다. 그러므로 앞에서 소개한 방법을 실천하면서 자신감을 얻은 후 시도해 보길 권합니다. 힘들더라도 일단 성공하면 정말 마법처럼 음식을 갈망하는 현상이 멈출 거예요. 평생 건강을 위해 딱 일주일만 시도해 보세요.

배고프게 먹지 않는다

우리 다이어터들은 배고픈 다이어트를 한 번쯤 해 봐서 다들 알잖아요. 배고픔을 이겨내기가 얼마나 어려운지요. 이제부터 배고픈 다이어트는 그만둡시다. 살을 빼려면 배고파야 한다는 것은 완벽한 고정관념이에요. 더 빨리 빼고픈 마음에 무리하게 식사량을 줄이거나 무작정 굶는 경우가 있는데, 앞서 말한 것처럼 식사량을 무리하게 조절하면 오히려 살찌는 체질이 될 수 있어요. 전략 없는 굶주림은 몸을 혹사시킬 뿐이에요. 꼭 충분한 식사를 하기 바랍니다.

그렇다고 야식도 충분히 먹으면 안 되겠죠? 야식이 생각나지 않도록, 생각나도 참을 수 있도록 식사 시간에 포만감 있게 먹어야 하는 거예요. 그리고 '가짜 배고픔'과 '진짜 배고픔'도 구분할 수 있어야 하고요.

진짜 배고픔과 가짜 배고픔을 구분하라

배고프면 식욕을 참기 어렵죠? 식사를 하지 않은 상태라면 배고픈 게 당연하지만, 식사한 지 얼마 되지 않았는데도 배가 고플 때가 있어요. 이때 우리는 간식을 찾곤 합니다. 다이어터라면 누구나 간식이 살을 찌운다는 것을 알고 있지만 배 속 깊은 곳부터 끓어오르는 배고픔을 거부하기는 쉽지 않죠. 그런데 이게 진짜 배고픈 걸까요?

물을 우리 몸에 필요한 양보다 적게 마시면 수분 부족 상태가 되는데, 이 상태가 오래 지속되면 만성 탈수로 이어지고, 이는 뚜렷한 증상이 없어 인지가 어렵다고 합니다. 물은 신진대사에 아주 중요한 역할을 하기 때문에 만성 탈수가 되면 대사에 문제가 생길 수 있고, 다이어트를 하는 데도 여러 가지 불리한 작용을 하지요.

그중 가장 문제가 되는 것은 '가짜 배고픔'입니다. 여러분은 목마름과 배고픔을 얼마나 정확히 구분하나요? 대부분 잘 구분한다고 생각하지만 그렇지 않은 경우가 많습니다. 몸에 수분이 부족할 때도 배고픔을 느끼거든요. 분명 밥을 먹은 지 얼마 안 됐는데 배가 고프다면 그 즉시 종이컵으로 두 잔 정도 물을 마셔 보세요. 그렇게 해서 배고픔이 가라앉는다면 가짜 배고픔일 가능성이 매우 높습니다.

현대인은 물을 충분히 섭취하지 않는 경우가 많아요. 물 대신 차를 마시거나, 수분 함량이 낮은 음식으로 식사를 해결하거나, 평소에 물을 잘 마시지 않는 등 이유는 다양하지요. 수분 부족으로 유발되는 가짜 배고픔만 해결해도 식욕 조절에서 한 단계 나아갈 수 있습니다. 특히 물 대신 차나 커피를 마시면 오히려 수분을 빼앗겨 버리니 순수한 물로 수분을 보충하는 것, 잊지 마세요.

물을 의무처럼 챙겨 마시지 않고 수분을 섭취하는 방법도 있어요. 수분 함량이 많은 음식 위주로 식사를 하면 물을 열심히 마시지 않아도 수분 부족을 피할 수 있을 뿐만 아니라 포만감도 높습니다. 그러나 빵이나 프로틴 바, 견과류나 가공식품 등 건조한 음식으로 끼니를 해결하면, 수분이 부족하기 쉽고 양에 비해 포만감도 낮아 금세 식욕이 생기죠. 게다가 이런 음식들은 수분 외에 탄수화물 함량도 신경 써야 해요. 반대로 탄수화물 함량은 낮고 수분 함량은 높은 두부, 생채소, 토마토 등을 식사에 포함시키면 조금만 먹어도 배가 부릅니다.

앞에서도 설명했지만 수분을 섭취한다며 우유, 아몬드 두유, 두유, 과일 주스, 선식 등 '액체 탄수화물'을 마시는 것만은 피해 주세요. 액체 탄수화물은 흡수가 기가 막히게 빠르고 인슐린을 자극하기 딱 좋으니까요. 이런 음료를 식사 대신 먹는 경우가 많은데, 씹는 과정이 없는 액체 음식은 몸에서 음식으로 잘 인지하지 못하고, 흡수까지 빨라서 금세 배고픔을 느끼게 해요. 충분한 에너지를 흡수했는데도 배고픔을 느끼는 것 역시 가짜 배고픔인 것입니다. 같은 양의 음식을 먹더라도 꼭꼭 씹어 먹을 수 있는 음식으로 드시길 권합니다.

운동 뒤 보상이라는 자기 합리화는 그만

"잘 먹고 열심히 운동했더니 건강한 돼지가 됐다."

인터넷에 떠도는 우스갯소리지만 저에겐 실제로 일어난 일이에요. 아니, 운동을 한 뒤 오히려 건강을 잃었으니 "건강하지 않은 돼지"라고 해야겠네요. 잘못된 다이어트를 하던 비만 시절, 운동을 열심히 한 날은 특히 배가 고팠어요. 이럴 때마다 나름의 이유를 대며 합리화하곤 했죠.

"열심히 운동했으니 이 정도는 먹어도 되겠지?"

운동을 하고 나면 보상 심리가 생겨요. 그래서 초콜릿 한 조각 또는 달달한 커피 한 잔, 마카롱 반 개 정도는 괜찮을 거라며 열심히 운동한 나에게 보상을 해 줬습니다. 돌아난 입맛을 주체하지 못하고 저녁에 치킨이나 족발을 먹은 적도 있어요. 매일 먹은 게 아니라 운동을 진짜 열심히 한 날만 먹었다니까요. 고강도 운동 후에 먹는 음식이 그렇게 꿀맛이더라고요.

고강도 운동이 아니더라도 운동 후에는 왠지 모르게 허기가 져 닭 가슴살과 고구마로 폭식하는 날도 많았어요(고구마는 의외로 탄수화물이 많아서 많이 먹으면 일반식과 별반 다르지 않죠). 한두 시간 열심히 운동하면 보통 200~300칼로리를 소모하는데, 보상으로 먹은 음식들은 아주 조금만 먹어도 소모한 칼로리를 몽땅 채워 줬지요. 운동은 몇 시간 했지만 칼로리 보충은 순식간에! 열심히 했다는 성취감에 취해 내가 먹는 게 얼마나 살찌는 음식인지는 신경 쓰지 않았던 거예요. 그래 놓고 다음 날 불어난 몸무게에 경악을 금치 못했습니다.

혹시 근육이 붙은 건 아닐까 하는 생각도 해 봤어요. 네, 아닙니다. 근육은 하루 만에 생기지 않아요. 운동으로 소비할 수 있는 칼로리는 한계가 있지만 먹는 것으로는 쉽고 빠르게 채울 수 있다는 걸 꼭 기억하세요. 운동만 열심히 해도 다이어트에 성공해 먹고 싶은 음식 다 먹을 수 있다고 생각하는 사람이 많아요. 물론 가능한 사람도 있겠지만 저처럼 그렇지 않은 사람이 훨씬 많습니다. 남성보다 여성, 나이가 많고 대사 능력이 떨어질수록 불리합니다. 그래도 열심히 운동했는데 뭐라도 먹고 싶다면 뒤에서 소개할 저탄수화물 음식(100쪽)을 참고하세요.

굶지 마세요, 진짜 굶는 것도 아니면서

적게 먹으면 어쨌든 살이 빠지잖아요. 그렇다면 아예 굶으면 체중 감량에 더 도움이 될까요? 다이어트 전문가들이 절대 굶지 말라고 강조하는 이유가 다 있어요. 적게 먹으면 살이 빠질 것 같지만 꼭 그렇지는 않습니다. 단기적으로는 효과가 있지만 장기적으로는 절대 하지 말아야 하는 행동이에요.

우리 몸이 기본적인 대사 활동을 하려면 여러 영양소와 무기질 등이 필요한데, 굶어버리면 신체기관이 제대로 일을 못 하고 어떻게든 살기 위해 수단과 방법을 가리지 않게 됩니다. 직장에서 갑자기 월급을 10분의 1로 감봉한다면 필사적으로 절약하고 아끼게 되겠죠. 몸도 자주 굶으면 대사 능력이 점점 떨어지는 것은 물론 충분한 에너지가 흡수되지 못하니 비상사태로 인식해서 조금만 먹어도 필사적으로 에너지를 저장하려고 드는 기아 상태가 됩니다. 흔히 말하는 '살찌는 체질'이 되어 버리는 거예요.

식욕 조절을 잘하려면 포만감을 느낄 만큼 충분히 먹는 것이 기본 중의 기본입니다. 특히 '굶는다'는 것을 어떻게 해석하고 행동하느냐에 따라 달라요. TV 건강 프로그램에서 한 의사가 비만 상담을 했던 내용을 소개한 것을 예로 들어 볼게요. 비만 상담을 받는 사람들은 자신이 하루 동안 뭘 먹는지 잘 모르는 경우가 많다고 합니다. 상담 받는 사람(A)과 의사(B)의 상담 내용을 재구성해 볼게요.

A: 선생님, 저는 정말 하루에 한 끼밖에 안 먹어요. 거의 쫄쫄 굶다시피 하고 밥은 반 공기만 먹는데 왜 살이 찌는 걸까요?

B: 오늘 하루 동안 드신 게 밥 반 공기뿐인가요?

A: 아니요.

B: 네? 방금 밥 반 공기만 드셨다고…….

A: 아침에 일어나서 간단하게 우유 한 잔이랑 과자 몇 조각이랑 믹스 커피를 먹긴 했어요.

B: 네, 그리고 또 뭐 드셨어요?

A: 점심에는 밥 대신 빵 조금이랑 미숫가루를 먹었어요.

B: 그러면 저녁으로는 밥 반 공기만 드신 거고. 후식으로 과일 같은 것은 안 드셨어요?

A: 허기지니까 귤이랑 삶은 옥수수도 먹었죠.

B: 얼마나 드셨어요?

A: 귤 다섯 개랑 옥수수 두 개요.

B: 그러고 자기 전까지는 뭐 안 드셨어요?

A: 저는 약처럼 꿀을 먹는데, 자기 전에 꿀 세 숟가락을 먹었어요.

B: 그럼 오늘 밥 반 공기만 드신 게 아니네요?

A: 아니, 간식 조금과 밥 반 공기밖에 안 먹었어요. 배고파 미치겠어요. 치킨이 너무 먹고 싶은데 방법이 없을까요?

굶는다는 기준은 사람마다 다른데, 이분은 어때 보이나요? 저는 비만일 때의 저를 보는 것 같아 뜨끔했답니다. 이분은 아침부터 자기 전까지 끊임없이 인슐린을 자극하고 식욕 조절을 어렵게 만드는 정제 탄수화물을 섭취하고 있어요. 저도 비만일 때는 종일 무언가를 먹고도 정작 무얼 먹었는지 잘 기억하지 못했어요. 밥을 굶어 배가 고프니까 이것저것 조금씩 먹다 보면 때에 따라 식사할 때보다 더 많은 칼로리를 섭취하게 됩니다. 어떤 음식이 어떻게 우리 몸에 흡수되는지 잘 모르면 이런 실수를 할 수 있어요. 식욕 조절의 문제이기 전에 섭취량의 문제이기도 하니 자신이 하루 동안 뭘 먹고 있는지 파악하는 것이 중요해요. 먹은 것을 기록하는 식단 일기를 쓰는 것도 좋은 방법입니다.

식욕 조절이 힘든 예를 한 가지 더 들어 볼게요. 하루 동안 '물만 마시고 아무것도 먹지 않는 것'과 '배고플 때마다 두유를 마시고 별도의 식사는 하지 않는 것' 중 어느 쪽이 식욕 조절을 더 어렵게 만드는 행동일까요?

첫 번째가 식욕이 더 생길 것 같나요? 아닙니다. 액체 탄수화물인 두유를 섭취한 쪽이 식욕이 더 커질 가능성이 높습니다. 액체 탄수화물로 인슐린 분비가 촉진되어 오히려 식욕이 증가하는 호르몬 작용이 일어나죠. 그뿐만 아니라 두유의 단맛은 뇌의 보상 체계를 자극해 또 다른 단맛을 갈망하게 하고,

탄수화물이라는 영양 성분을 섭취했기 때문에 에너지도 공급된 셈입니다. 즉, 굶었다고 느끼지만 실제로는 음식을 섭취한 것이고, 단맛과 인슐린 분비로 인해 식욕 조절의 이점을 누리지 못하게 된 거죠. 그러면서도 충분한 영양 공급을 하지 못했기 때문에 장기적으로는 살이 잘 찌는 기아 상태가 될 가능성도 높고요.

그렇다고 첫 번째가 괜찮다는 건 아닙니다. 첫 번째는 간헐적 단식 중에 사용하는 방법으로 인슐린 분비를 낮추고 식욕 조절이 원활해지는 호르몬 변화가 일어납니다. 저의 21kg 감량 성공의 일등 공신도 바로 이 간헐적 단식이에요. 하지만 하루 종일 굶기를 자주 하면 역시 충분한 에너지 공급이 어려워질 수 있습니다. 단식에도 전략이 필요해요. 특히 초심자는 단계별로 실행해 익숙해지는 것이 중요해요. 연습 없이 시작하면 억눌린 욕구가 폭발하면서 폭식으로 이어질 수 있어요. 이런 현상을 '간헐적 폭식'이라고도 부르더군요.

제가 굶지 않고 '간헐적 폭식' 없이 성공적으로 간헐적 단식에 입문한 방법을 뒤에서 소개해 드릴게요.

운동 없이 공짜로 에너지를 소비해 주는 음식

어느 날 갑자기 한 신문 기사가 온라인을 화려하게 장식했습니다. 먹으면 먹을수록 마이너스 칼로리가 돼 오히려 살이 빠지는 음식이 있다더군요. 수많은 다이어터가 열광했고, 맛있는 음식 실컷 먹고 나서 마이너스 칼로리인 음식을 먹으면 살이 빠지는 것 아니냐는 질문이 쏟아졌죠. 꽤 그럴듯하죠?

그런데 안타깝게도 이 방법으로는 그렇게 쉽게 살이 빠지지는 않는다고 합니다. 하지만 실망할 필요 없어요. 마이너스 칼로리라는 말이 나온 이유는, 먹어서 흡수되는 칼로리보다 소모하는 칼로리가 더 높은 음식이기 때문이에요. 실제로 소화하고 영양분을 흡수할 때 많은 힘이 드는 음식일수록 에너지 소모율이 높고, 소화기관에 오래 머물기까지 하니 포만감이 오래 지속되어 다이어트 효율이 높아집니다. 한마디로 운동 없이도 에너지를 소모할 수 있다는 뜻이죠. 이것을 편의상 '소화 흡수 에너지'라고 부르겠습니다.

그러면 어떤 음식이 소화 흡수 에너지를 많이 소모할까요? 소화에 많은 에너지를 쓰려면 우리 몸이 섭취한 음식의 입자를 스스로 쪼개고 가공하고 분해하고 흡수하는 공정을 오래 거쳐야 하는데, 정제되지 않은 음식, 즉 가공하지 않은 음식일수록 소화 흡수 에너지 소모율이 높습니다. 우연인진 모르지만 이렇게 소화 흡수 에너지 소모율이 높은 음식들은 대부분 건강에도 좋고 칼로리도 그다지 높지 않습니다.

소화 흡수 에너지 소모율이 높은 음식 중 제가 가장 추천하는 것은 녹색 잎 생채소예요. 다이어트를 할 때 식욕 조절에 가장 큰 도움을 받았죠. 녹색 잎 생채소는 당질 함량이 낮고 영양가는 높으며, 풍부한 식이섬유 덕분에 생으로 섭취하면 소화를 하다하다가 다 못 해서 대변으로 배출됩니다. 빠르게 배가 부르고, 포만감이 정말 오래 유지되어 식욕 감소의 일등 공신이지요. 다만 비만 시절의 저처럼 채소를 극도로 싫어하는 분은 마약주먹밥(90쪽)으로 채소 요리에 입문해 보세요. 이 책의 레시피는 대부분 채소를 싫어하는 사람도 쉽게 도전할 수 있도록 만들었답니다.

그러면 소화 흡수 에너지 소모율이 낮은, 그러니까 다이어트에 불리한 음식은 어떤 걸까요? 같은 종류의 음식이라도 익히거나, 갈아서 입자가 곱거나, 특정 성분만 추출하거나, 발효되는 등 공정을 많이 거친 음식일수록 소화하는 데 힘이 덜 들기 때문에 소화 흡수 에너지 소모율이 낮고, 빠르게 소화되니 포만감 유지가 어렵습니다.

설탕과 밀가루 같은 백색 정제 탄수화물이 대표적입니다. 이것으로 만든 빵, 떡, 면 등은 말할 것도 없겠죠. 물론 이것들은 익히 살찌는 음식으로 알려져 있기 때문에 다이어트를 할 때 별 어려움 없이 피할 수 있습니다. 하지만 정제 탄수화물로 이루어진 음식이 다이어트 음식으로 오인되는 경우도 많아요. 우리가 잘못 알기 쉬운 음식들도 짚어 볼게요.

마약
주먹밥

채소 입문 메뉴 마약주먹밥

자신이 먹기 편한 채소만 몇 가지 골라 주먹밥을 만드세요.
뭉치기 귀찮다면 비빔밥처럼 먹어도 좋아요.

재료(1회분)

□ 밥 50g(평평하게 3큰술) □ 다진 생채소 많이 □ 두부 200g(물기 제거 후 사용)
□ 참치 90g □ 들기름이나 참기름 1큰술 □ 식초 1큰술(선택)
□ 김 가루 적당량

만드는 법

1 준비한 그릇에 김을 뺀 모든 재료를 넣고 섞는다.
2 비닐장갑을 끼고 먹기 좋은 크기로 뭉친 뒤 김 가루를 묻힌다.

팁

두부를 싫어하면 닭 가슴살 한 쪽으로 대체할 수 있다.
오이, 상추, 양상추, 깻잎, 브로콜리 중 1~3가지 채소를 조합하면 좋다.
보관하지 않고 만든 즉시 먹는다.

생각보다 다이어트에 도움되지 않는 음식

앞서 설명했듯이 저는 '인슐린을 줄이는 저탄수화물 다이어트'를 위해 소화 흡수 에너지 소모율이 낮은 음식은 먹지 않으려고 노력합니다. 대개 액체나 가루 형태인 정제 탄수화물 비율이 높은 음식이죠.

그중에는 많은 사람이 다이어트에 도움이 된다고 잘못 알고 있는 음식들도 있어요. 액체 탄수화물인 선식, 우유, 두유, 채소 주스, 과일 주스 등과 가루 탄수화물인 선식, 귀리 가루, 비건 빵, 통곡물 빵, 다이어트 시리얼, 에너지 바 등입니다. 다이어트를 할 때는 음식이 입맛을 자극하진 않는지, 배부르게 먹어도 괜찮은지, 인슐린을 얼마나 자극하는지, 포만감은 얼마나 유지되는지 생각해야 합니다.

실제로 앞의 음식들을 소량씩 먹고 다이어트에 성공한 사례도 많습니다. 하지만 저는 배고픔을 참아야 한다면 일반식을 먹는 것과 크게 다를 게 없다고 생각해요. 앞의 음식들은 배부르게 먹으면 당연히 살이 찌므로 살을 뺄 목적으로 먹기에는 적절하지 않습니다.

삶거나 구운 고구마, 감자, 단호박 그리고 과일도 단맛이 나기 때문에 입맛을 자극하고 당질 함량이 제법 많아 마음 놓고 먹을 수 있는 음식은 아닙니다. 많이 먹으면 쌀밥을 먹는 것과 크게 다르지 않아요. 음식별로 좀 더 자세히 알아보겠습니다.

고구마

고구마와 감자는 주성분이 탄수화물입니다. 특히 고구마는 다이어트에 좋은 음식으로 많이 알려져 있는데, 당질 함량이 생각보다 높아요. 쌀밥 1공기(200g)에는 약 65g의 당질, 찐 고구마 중간 크기 1개(200g)에는 약 54g의 당질이 있습니다. 같은 양의 쌀밥보다는 함량이 낮지만 그렇다고 아주 낮은 편은 아니죠. 조리 방법에 따라 GI 지수(Glycemic Index, 혈당 지수)도 달라지는데, 고구마를 생으로 먹으면 낮은 편이지만 삶으면 높아지고, 구우면 매우 높은 수준까지 올라가므로 인슐린도 더 많이 자극합니다. 그리고 밤고구마보다 단맛이 더 강한 호박고구마가 상대적으로 당질 함량이 더 높아요.

단호박

단호박은 칼로리가 낮고 달달해서 다이어트에 좋은 음식이라고 소문이 나 있죠. 하지만 단맛이 입맛을 돋우기 때문에 식욕 조절을 어렵게 한다는 면에서 주의해야 하는 음식입니다.

과일

과일에는 식이섬유, 과당, 포도당, 설탕 등 크게 네 가지 탄수화물이 들어 있는데, 식이섬유를 제외한 나머지는 모두 '당'입니다. 식이섬유는 다이어트에 도움이 되고, 과당은 혈당을 천천히 올리는 성질이 있어 크게 위협적이지는 않지만 나머지 당질은 조절해서 섭취해야 해요. 문제는 대부분의 과일에는 과당뿐만 아니라 포도당과 설탕이 들어 있다는 것입니다. 특히 바나나, 오렌지, 파인애플, 망고 등 열대 과일류에 탄수화물 함량과 포도당, 설탕 비율이 높습니다.

하지만 다이어트 초반이라면 단맛을 단박에 끊기가 쉽지 않죠. 단맛이 너무 그립다면 정제 탄수화물로 만든 음료나 디저트 대신 소량의 과일을 먹는 게 당연히 낫습니다. 이때 당질 함량이 적은 토마토, 아보카도, 딸기 등을 갈지 않고 생으로 먹는 것이 좋아요. 그리고 껍질과 함께 먹을 수 있는 과일은 잔류 농약이 없도록 꼭 빡빡 씻은 뒤 먹습니다. 갈아서 마시면 포만감을 얻기 힘들어요. 또한 시판되는 과일 음료는 대부분 설탕이 들어가므로 더욱 주의해야 합니다.

비건 빵과 통밀 빵

비건 빵과 통밀 빵은 밀가루나 버터를 쓰지 않는다는 이유로 다이어트 음식으로 오인하기 쉽지만, 곡물을 응축해서 사용하므로 일반 빵과 마찬가지로 탄수화물 가루 음식입니다. 밀가루가 몸에 좋지 않은 면이 많아 다른 곡물로 대체한 것일 뿐 손바닥만 한 빵 한 조각에 밥 한 공기보다 훨씬 많은 양의 곡물이 들어 있기도 하죠. 가루 재료로 만든 음식은 소화 흡수 에너지를 쓸 필요 없이 빠르게 흡수되므로 포만감도 빠르게 사라지고요. 대부분의 시판 빵에는 맛을 위해 설탕도 넣습니다. 고구마, 단호박, 과일은 양을 조절해서 먹으면 건강에 이점이 많지만, 빵은 그렇지 않아 권하고 싶지 않은 음식이에요. 너무 말라서 건강과 상관없이 오로지 살을 빨리 찌울 목적이라면 모르겠지만요.

우유

우유는 유당이라는 탄수화물 함량이 높으므로 주의해야 합니다. 게다가 흡수가 빠른 액체 형태이고요. 저지방 우유는 괜찮다고 생각하는 사람이 많은데, 저지방 우유는 지방이 적을 뿐 탄수화물이 적은 것은 아닙니다. 그리고 '저지방'으로 만들 때 인위적인 공정을 거치므로, 굳이 먹는다면 일반 우유가 낫다고 생각해요. 우유는 소의 젖이죠. 송아지를 무럭무럭 자라게 하는 성분이 들어 있어요. 저지방 우유든 일반 우유든 다이어트를 할 때는 권하지 않습니다. 우유에 대해 더 알고 싶다면 티에리 수카르의 《우유의 역습》을 읽어 보는 것도 좋습니다.

선식

선식이야말로 가루 음식이기 때문에 흡수가 빠르고 포만감이 매우 빨리 사라지죠. 게다가 곡물 가루이기 때문에 당질의 비중이 어마어마합니다. 그리고 선식은 보통 우유에 타 먹는데, 그러면 통통하게 살찌는 음료와 당질 가루를 합쳐서 먹는 꼴입니다. 선식은 바쁜 사람들이 빠르게 한 끼를 해결할 수 있는 '식사'의 일종일 뿐 다이어트에 도움이 된다고 보기는 힘듭니다.

단백질 파우더

단백질 파우더는 다이어트 음식이 아니라 근육을 키우기 위해 단백질을 보충하는 용도입니다. 선식과 마찬가지로 가루이고 우유에 많이 타 먹죠. 일부 제품은 판매율을 높이기 위해 감미료나 당질을 넣어 단맛을 내기도 해요. 또한 단백질을 필요 이상 섭취하면 잉여 단백질은 당으로 전환되어 축적됩니다. 다른 것은 먹지 않고 식사 대용으로 권장량만 먹는다면 괜찮을지 몰라도, 식사를 하고 추가로 단백질 파우더를 먹으면 식사를 두 번 하는 꼴입니다. 그리고 마시는 형태로 먹으면 포만감이 금방 사라지니 식사 대용으로 권하지 않아요.

가공 귀리(오트밀)

귀리는 곡물이므로 많이 먹으면 당연히 당질도 많이 섭취하게 되어 다이어트에 도움이 된다고 보기 힘듭니다. 그런데 아이러니하게도 언제부턴가 귀리 우유나 가공 오트밀 등이 유행하면서 마치 다이어트에 특화된 음식인 것처럼 알려져 있어요. 하지만 마음껏 먹어도 좋은 음식은 절대 아닙니다. 특히 시리얼처럼 가공된 오트밀은 더욱 주의해야 해요. 맛을 내기 위해 튀기거나 설탕까지 첨가하는 경우가 많기 때문이지요.

채소 주스, 채소즙

채소로 만든 주스나 즙은 편의점이나 마트에서 쉽게 볼 수 있습니다. 앞서 설명했지만 주스는 흡수가 빠르고 포만감이 빨리 사라져요. 또한 순수하게 채소로만 만들면 맛이 없기 때문에 설탕을 섞은 제품이 많습니다. 조심해서 나쁠 것 없으니 다이어트 중이라면 제품을 고를 때 꼭 원재료를 확인하는 게 좋겠죠.

두유

대부분의 두유에는 맛을 더하기 위해 설탕을 매우 많이 첨가합니다. 저를 살찌게 한 일등 공신이 아이스크림이라면 그다음은 두유였어요. 이제 '액체'와 '설탕 첨가'라는 점만 봐도 그 이유를 짐작할 수 있겠죠? 비만 시절의 저는 아침 대용으로 두유를 먹고 배가 더 고파져 점심때 폭식을 하곤 했답니다.

그렇다고 이런 음식들을 평생 먹으면 안 된다는 뜻은 아닙니다. 다이어트에 도움이 되는 음식은 아니므로 마음 놓고 먹기보다는 어떤 특징이 있는지 주의하며 식단을 계획하자는 의미입니다.

생각보다 다이어트에 도움이 되는 음식

3대 영양소 중 인슐린을 가장 많이 자극하는 탄수화물을 빼면 단백질과 지방이 남죠. 흔히 단백질은 다이어트에 도움이 되고, 지방은 먹으면 무조건 살이 찐다고 알고 있는 경우가 많아요. 하지만 정말 그렇다면 제가 21kg을 뺄 수 있었을까요? 지방은 포만감이 높고 인슐린을 거의 자극하지 않기 때문에 많은 양의 탄수화물과 함께 섭취하지만 않으면 오히려 다이어트에 도움이 됩니다.

우리 몸은 탄수화물과 지방을 주 연료로 사용하는데 많은 양의 탄수화물과 지방을 함께 먹으면 연료 과다로 살이 찌기 쉽습니다. 그러므로 탄수화물과 지방 중 한 가지만 선택해서 적정량을 섭취하는 게 좋습니다. 하지만 탄수화물은 과섭취의 기준이 낮고, 인슐린을 쏟아내어 지방이 축적되고 식욕이 상승하며 포만감이 저하되는 문제가 있어요. 반면에 지방은 과섭취를 하더라도 인슐린을 거의 자극하지 않기 때문에 식욕 상승의 문제가 극히 적고, 몸에 축적되는 양도 상대적으로 낮습니다. 그렇다고 지방을 너무 많이 섭취하면 당연히 살이 찌니 균형 있게 먹는 게 중요하겠죠. 또한 사람마다 체질, 체중, 성별, 컨디션 등에 따른 연료통의 크기가 다르므로 지방을 어느 정도 섭취해도 되는지는 조금씩 먹어 보면서 몸의 반응을 보고 파악해야 합니다.

그럼 이번에는 조금만 먹어도 살이 확 찔 것 같지만 제대로 된 방법으로 먹으면 오히려 살이 빠질 수 있는 음식을 소개할게요. 이 음식들 덕분에 고기를 사랑하는 제가 어렵지 않게 21kg 감량에 성공했죠. 단, '저탄수화물 식사법'의 세 가지 규칙을 꼭 지켜야 합니다.

저탄수화물 식사 3가지 규칙

1 밥, 면, 빵, 소스, 양념, 음료와 같은 당질과 함께 먹으면 살이 찌는 음식으로 변한다. 당질 섭취는 최소로 해야 한다.

2 배부르게 먹는 것이지 폭식 수준으로 먹어도 되는 것은 아니다. 적당히 배부르게 먹도록 한다.

3 소화 흡수 에너지 소모를 위해 반드시 녹색 잎 생채소와 함께 먹는다.

달걀, 달걀노른자

달걀노른자는 칼로리와 지방 함량이 높아 살이 잘 찌는 음식이라고 알려져 있지만, 당질을 제한한 식단에서는 안심하고 먹어도 됩니다. 설탕을 첨가하지 않은 달걀찜이나 달걀말이는 다이어트 식단으로 아주 좋습니다.

가쓰오부시, 까나리 액젓

감칠맛이 풍부한 가쓰오부시와 까나리 액젓은 맛이 은근히 자극적이지만 탄수화물이 거의 없는 고단백 식품입니다. 하지만 나트륨 함량이 높으니 많이 먹기보다는 저탄수화물 음식에 적당히 소스처럼 뿌려 먹으면 좋습니다.

연어

연어는 다이어트에 좋은 음식으로 잘 알려져 있지만, 먹는 방법에 따라 살이 찔 수도 빠질 수도 있습니다. 초밥으로 먹으면 많은 양의 탄수화물과 함께 먹기 때문에 다이어트에 도움이 되지 않습니다. 회로 먹거나 녹색 잎 생채소랑 먹으면 좋습니다. 하지만 연어는 무엇보다 밥과 먹어야 제맛이긴 하죠. 그래서 준비했습니다. 밥과 함께 먹을 수 있는 연어장덮밥 레시피(234쪽)를 참고하세요!

버터

케토제닉 다이어트(Ketogenic diet, 지방 섭취를 늘리고 탄수화물과 단백질 섭취를 줄이는 식이요법)가 유행한 덕분에 버터의 효능이 널리 알려졌어요. '맛불리 다이어트'는 당질만 제한한다는 점에서 케토제닉 다이어트와 차이가 있지만, 지방을 크게 제한하지 않는다는 공통점이 있습니다. 버터는 유제품이긴 하지만 우유와 달리 제조 과정에서 탄수화물이 제거되어 유익한 부분이 많아

집니다. 그래서 버터는 많은 양의 당질과 함께 먹거나 너무 많은 양을 먹지만 않는다면 요리에 적당히 사용해 훌륭하게 맛을 더할 수 있어요. 하지만 버터도 종류를 잘 골라야 합니다. 저는 목초를 먹인 소의 우유로 만든 기버터(Ghee butter)를 권하는데, 가격이 비싼 편이고 구하기가 쉽지는 않습니다. 버터를 고를 때는 동물성 100%인지, 트랜스 지방 0g인지라도 꼭 확인하길 바랍니다. 식물성 기름이 첨가된 버터는 트랜스 지방이 들어 있을 확률이 높기 때문에 반드시 제품 뒷면을 확인해 보고 피해야 합니다.

치즈

치즈도 지방과 단백질이 많고, 식욕 조절과 지방을 태우는 데 도움이 되는 칼슘 함량 또한 높아 다이어트에 도움이 되는 음식입니다. 많은 양의 탄수화물과 함께 섭취하지만 않는다면 치즈 역시 요리에 훌륭하게 사용할 수 있죠. 버터와 마찬가지로 식물성 오일, 트랜스 지방, 설탕이 첨가된 치즈는 피해야 하고, 자연 치즈 함량이 80% 이상인 제품이 좋습니다.

삼겹살

기름져서 살이 확 찔 것 같지만 오히려 당질이 없는 음식이어서 생채소와 함께 적당히 배부르게 먹으면 괜찮습니다. 치팅데이를 현명하게 즐길 수 있는 메뉴이기도 하죠. 목살이나 다른 부위의 돼지고기도 좋습니다. 물론 밥, 국물, 면 등 탄수화물이 많은 음식과 함께 먹으면 다이어트에 도움이 되지 않아요. 쌈장, 고추장에도 당질이 많이 들어 있으니 주의해야 합니다. 그리고 당연히 양념한 고기는 안 되겠죠? 달걀찜, 소금장, 생채소와 함께 먹으면 좋고, 태우거나 센 불에 너무 익힌 고기는 건강에 좋지 않으니 적당히 익혀서 드세요.

돼지 곱창 또는 대창

곱창과 대창도 저탄수화물 음식으로 지방과 단백질이 풍부합니다. 당질과 함께 먹지만 않는다면 포만감을 얻기 좋을 뿐만 아니라 치팅데이에 즐기기 좋은 음식입니다. 삼겹살과 마찬가지로 양념하지 않은 상태로 구워서 달걀찜, 소금장, 생채소와 함께 먹으면 좋습니다.

돼지 부속 고기

곱창, 대창뿐만 아니라 간, 허파, 머리 고기, 껍질 같은 부속물 부위도 단백질이 아주 풍부해 포만감을 얻기 좋고, 적당히 먹으면 다이어트에 도움이 됩니다. 다만 순대는 당질이 많은 당면이 들어가므로 되도록 먹지 않는 게 좋습니다.

김

조미하지 않은 김은 반찬이나 간식으로 먹기 좋아 다이어트 식단에 무척 유용합니다. 제품마다 당질 함량이 조금씩 다르긴 하지만, 조미하지 않은 김은 다른 음식과 함께 아무리 많이 먹어도 살이 거의 찌지 않습니다. 하지만 조미김은 이야기가 달라지죠. 일일이 성분과 원재료를 따지려면 복잡하므로 안전하게 조미하지 않은 김을 선택하세요!

수제 마요네즈

시중에서 판매하는 마요네즈는 대부분 설탕, 즉 정제 탄수화물이 첨가되어 살찌기 쉬운 음식이 맞습니다. 하지만 직접 마요네즈를 만든다면? 수제 마요네즈는 달걀노른자, 식초, 당질 없는 머스터드소스, 오일, 소금과 후추를 조금씩 넣어 만듭니다(만드는 법 214쪽). 모두 당질이 없거나 극소량만 들어 있는 재료입니다. 물론 그렇다고 많이 먹으면 안 돼요. 저는 소스 종지에 들어가는 양 정도는 다이어트에 전혀 방해되지 않았습니다.

'잘못된 식습관 버리기' 간단 정리

1 탄수화물은 식이섬유와 당질로 이루어져 있는데, 그중 피해야 할 것은 '당질'이다. 단맛 나는 음식에는 대부분 당질이 들어 있고, 단맛은 식욕을 자극하므로 단맛 끊기에 도전할 것!

2 음식과 물로 수분을 충분히 섭취해 가짜 배고픔을 이겨낸다. 커피나 차는 안 된다.

3 포만감을 느낄 때까지 먹어야 식욕을 조절할 수 있다.

4 녹색 잎 생채소와 같이 소화 흡수 에너지 소모가 높은 음식을 먹는다.

5 정제 탄수화물(특히 액체나 가루 형태)은 지방 저장 호르몬인 인슐린을 마구 분비시킨다.

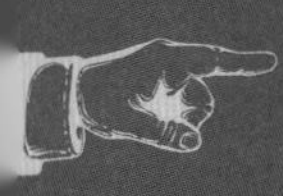

두 번째 관문
다이어트에 방해되는
부담감 버리기

운동에 대한 강박 버리기

다이어트를 시작하려니 운동도 많이 하고, 채소도 많이 먹고, 칼로리도 꼼꼼하게 계산해야 할 것 같은 압박감이 생기죠. 하지만 저는 그런 것들이 생각보다 다이어트에 크게 도움이 되지 않았어요. 이번 관문에서는 다이어트 의지를 꺾는 이런 부담감들을 날려 볼게요.

우선 운동 이야기를 해 보겠습니다. 저는 다이어트 초기에 운동을 못 하는 것이 가장 속상했어요. 체중을 줄이려면, 특히 단기간에 효과를 얻으려면 운동을 꼭 해야 한다고 믿었거든요. 하지만 제대로 걷지도 못하게 된 몸 상태로는 선택의 여지가 없었어요. 그래서 천천히 살을 뺀 다음 건강을 위한 운동을 꼭 하겠다고 마음먹었어요. 〈맛불리TV〉를 보고 제가 운동을 엄청 열심히 해서 살을 뺐을 거라고 의심하는 사람이 많은데, 그만큼 식단만으로 다이어트를 하는 것이 아직 생소하게 느껴지는 사람이 많은 것 같습니다.

비만 시절의 저는 관절 때문에 출퇴근할 때 걷는 것조차 버거웠고, 직장을 그만두고 유튜브를 시작하면서는 그마저도 걸을 일이 전혀 없었습니다. 동영상 편집을 위해 12~14시간씩 컴퓨터 앞에 앉아만 있었어요. 하루에 500보도 걷지 않았을 거예요. 그런 생활을 하면서도 체중을 21kg이나 줄였습니다.

바쁜 직장인에게는 운동이 부담스럽기도 합니다. 핑계가 아니라 운동할 시간이 도저히 나지 않는 경우가 많아요. 마음먹고 시작했다가도 결국 헬스장 '기부천사'가 되어 다이어트를 포기해 버리고 말죠. 상황은 이해하지만 그렇다고 비만인 상태를 방치하면 앞으로도 건강한 체중을 가질 기회는 없을 거예요. 운동할 시간이 없다면 뒤에서 소개할 간헐적 단식과 식단이라도 꼭 시도해 보길 바랍니다.

운동 없이도 살을 뺄 수 있다고 해서 운동을 하지 말자는 말로 오해하면 안 돼요! 건강에는 운동이 필수이니까요. 저처럼 아무런 움직임 없이 체중을 줄이는 것이 답은 아니에요. 체중 감량으로 대사 기능이 개선되는 순기능도 있지만, 활동량이 없을 때 건강에 미치는 악영향도 생각해야 합니다. 다만 하기 싫은 운동을 억지로 하다가 지쳐서 다이어트를 포기하는 것보다는 훨씬 낫다는 뜻이죠. 운동과 초절식으로도 체중 감량을 해 보고, 운동 없이 식단만으로도 체중 감량을 해 본 저는 다이어트를 이렇게 생각해요.

체중 감량 = 식단 9 : 운동 1

건강 = 식단 7 : 운동 3

몸매 = 운동 8 : 식단 2

억지로 운동을 시작하기보다는 체중을 줄이면서 자신감을 회복한 뒤 운동을 시작하는 것도 방법입니다. 저는 21kg을 감량한 지금도 관절 상태가 그리 좋지 않아서 과격한 운동은 피하고, 대신 건강을 위해 이틀에 한 번꼴로 15~30분 정도 걷거나 아주 간단한 근력 운동을 합니다. 정말 딱 건강을 위한 목적으로요.

체중 감량은 맛있고 배부른 식이 규칙과 식단으로 하고,

운동은 탄탄한 몸매와 건강을 위해 짧게 한다고 생각하면 부담감을 덜 수 있습니다. 운동을 몇 시간씩 버티면서 하는 것보다는 고강도 운동으로 짧게 끝내는 것도 좋아요. 반대로 운동을 즐기는 사람은 체중 때문에 생길 수 있는 부담이나 보상심리만 조심하면 더 건강하게 살을 뺄 수 있겠죠. 그러니 어떤 부분에 부담을 느끼는지 체크해 자신에게 맞는 운동 계획을 세우기 바랍니다.

칼로리 계산하지 않기

〈맛불리TV〉에는 다양한 다이어트 레시피 영상이 업로드되어 있는데, 영상마다 칼로리를 물어보는 댓글이 많아요. 그때마다 저는 답변을 드립니다. 칼로리 계산은 중요하지 않다고요.

인슐린에 대해 몰랐던 비만 시절의 저는 칼로리에 대한 강박관념이 지배적이었어요. 칼로리 숫자를 다이어트 성공의 절대 공식처럼 믿었죠. 제품 포장을 뜯기 전에 칼로리부터 확인하고, 식당에서도 칼로리를 검색하며 메뉴를 골랐어요. 칼로리가 적은 것 같으면 안심하고, 0칼로리라고 하면 마구 먹고요. 실제로 다이어트를 한다며 먹은 두유, 우유, 라테, 고구마, 과일 등은 섭취량 대비 칼로리를 계산해 보면 별로 높지 않아요. 하지만 그런 음식을 먹었는데 살이 빠지지 않았다는 건 칼로리 문제가 아니었다는 거죠.

그러다 인슐린에 대해 알게 된 후로는 칼로리에 대한 강박관념을 떨쳐내고, 탄수화물 함량과 원재료만 확인하며 체중 감량에 성공했습니다. 칼로리 조절이 아닌 '인슐린 자극을 최소화'하는 조절로 빠지지 않던 살을 부셔 버리는 데 성공한 거죠.

칼로리만 따져서 다이어트에 성공한 사람이 얼마나 있을까요? 제 생각에는 만약 성공했다면 저칼로리 음식을 먹어서가 아니라 그냥 배고픔을 참고 견디는 초절식으로 성공한 게 아닐까 싶습니다. 물론 저칼로리 음식 중 실제로 다이어트에 도움이 되는 것도 많습니다. 하지만 칼로리가 낮아도 살이 찌고 칼로리가 높아도 살이 빠지는 경우도 많아요.

예를 들어 볼게요. 한 끼 식사로 구운 닭 가슴살 1덩이(약 151칼로리)와 아보카도 2개(약 400칼로리)를 먹으면 총 500~550칼로리 정도 되겠죠. 성인 여성의 하루 섭취 권장량이 약 2000칼로리이고 성인 남성은 약 2500칼로리인데, 이 식단으로 하루 세끼를 다 먹어도 1500~1600칼로리이니 다이어트가 될 거예요.

그런데 여러분이 좋아하는 매운 불닭 맛 라면이 530칼로리입니다. 구운 닭 가슴살 1덩이와 아보카도 2개를 먹는 것과 유사하죠. 그럼 이 라면도 다이어트 음식일까요?

맥도날드 더블치즈버거는 446칼로리이고, 콜라는 143칼로리입니다. 이렇게 세트로 먹으면 589칼로리예요. 이 세트를 하루 세끼 먹으면 1700칼로리 정도로 성인 여성의 하루 섭취 권장량보다 적으니 다이어트 음식일까요?

칼로리가 아닌 인슐린 관점으로 보면 '더블치즈버거와 콜라', '매운 불닭 맛 라면'이 다이어트에 도움이 되지 않는 것을 설명할 수 있습니다. 햄버거 소스, 밀가루로 만든 빵, 설탕 가득한 콜라, 튀긴 탄수화물인 라면, 불닭 맛 소스 속의 설탕은 모두 인슐린을 많이 자극하는 원인이 되죠.

아직도 칼로리에 대해 미련이 남는다면 '칼로리'의 정의에 대해 한번 짚고 넘어갈게요. 칼로리란 에너지 단위로 1g의 물을 1℃ 올리는 데 필요한 열량입니다. 봄 열량계라는 기계를 사용해 음식을 불에 태워 물의 온도가 얼마나 올라가는지 측정하는 거예요. 하지만 우리의 체중이 증가하는 이유는 그렇게 단순하지 않아요. 잠을 잘 잤는지, 스트레스는 얼마나 받았는지, 자기 전에 뭘 먹었는지, 어떻게 가공한 음식을 먹었는지 등 아주 다양한 문제로 인해 살이 찝니다. 같은 음식이어도 체질이 다른 사람이 먹으면 살이 찌거나 빠지기도 하고요. 그러므로 여러분이 제품 포장지에서 확인해야 할 것은 칼로리가 아니라 탄수화물과 원재료입니다.

저는 이제 칼로리는 보지 않아요. 대신 어떤 음식을 어떤 조리법으로 먹을지, 언제 몇 끼를 얼마나 먹을 건지만 생각합니다. 이제 칼로리 계산에 의존하지 마세요!

채소 억지로 먹지 않기

처음부터 너무 제목과 다른 이야기를 해서 좀 그렇지만, 사실 맛불리 다이어트의 대표적인 식재료는 '녹색 잎 생채소'예요. 느리게 소화되고 식이섬유가 풍부해 포만감이 아주 오래 지속되기 때문에 식욕 조절에 큰 도움을 주죠.

하지만 비만 시절의 저는 채소를 극도로 싫어했습니다. 풀 냄새가 싫고 샐러드도 쉽게 질리더라고요. 그래서 조금이라도 맛있게 먹을 방법을 고민한 끝에 '간장참치비빔밥'을 생각했어요. 간장은 소스류 중에서 탄수화물이 적은 편에 속하고, 맛과 향도 강해서 채소의 강한 풀 냄새를 덮어 주었습니다. 간장은 한 끼에 밥숟가락 기준으로 한두 숟가락이면 괜찮습니다. 참치는 단백질이 풍부하고 탄수화물이 거의 없기 때문에 다이어트를 할 때도 부담 없이 먹을 수 있어요.

다만 비빔밥에 빠지면 섭섭한 것은 바로 밥이죠. 흰밥, 현미밥, 귀리밥, 잡곡밥 등 어떤 종류의 쌀이든 탄수화물이 매우 많아 인슐린을 팍팍 자극합니다. 그래서 밥의 양을 반으로 줄이고 대신 두부를 넣었어요. 두부는 탄수화물의 양은 적고 단백질과 수분 함량은 높아 포만감을 얻기에 매우 좋은 음식 중 하나입니다. 두부를 좋아하지 않는다면 같은 양의 닭 가슴살로 대체해도 좋을 것 같아요.

여기에 상추 6장을 잘게 찢어 넣고 비볐더니 간단하고 맛있게 채소를 포함한 한 끼를 먹을 수 있었습니다. 이런 식이면 생각보다 어렵지 않게 채소를 먹을 수 있겠다는 자신감이 생겼어요.

아무리 배부르게 먹어도 다이어트 초기에는 식욕이 마음대로 조절되지 않을 때가 있습니다. 특히 첫 주가 큰 고비인데, 단맛이나 탄수화물과 지방을 섞어놓은 음식이 그리울 때마다 방울토마토를 '입막템'으로 먹었어요.

"아니 그러니까 어쨌든 채소를 먹으라는 거잖아요?"

책을 읽으며 어느 정도 공감하고 고개를 끄덕이던 독자는 '채소'라는 단어에서 읽기를 멈췄다. 펴져 있던 미간에 내천 자를 그리며 몹시 불쾌한 듯 맛불리를 째려본다.

"네! 저도 처음엔 채소 먹기가 힘들었는데 이제는 잘 먹어요."

"그건 댁이나 그렇게 할 수 있는 거고요! 전 여전히 채소를 못 먹겠다고요!"

독자가 자리를 박차고 일어났다. 당장이라도 책 모서리로 맛불리의 정수리를 찍을 것 같은 표정이다. 아마도 한 번도 채소를 맛있다고 생각해 본 적 없는 독자에게 풀 맛을 강요해서겠지. 어마어마한 시선에 당황한 맛불리는 동공이 흔들리는데.

"저, 사람의 입맛은 변한답니다. 당장은 채소가 싫으시겠지만
점차 좋아하게 될 수 있……."

"아니! 어렸을 때부터 싫어했는데 어떻게 먹으라는 거예요!"

"그럼 이건 어때요? 좋아하는 채소가 전혀 없나요?"

"네! 저는 고기파라고요. 아……."

화를 쏟아내려던 독자가 무언가 생각난 듯 머리를 긁적였다.

"흠, 생각해 보니 고기 먹을 때 깻잎은 괜찮았던 것 같네요."

"그거예요!"

맛불리는 엄지와 중지를 튕기며 딱 소리를 냈다. 잠시 눈치 보느라 흔들렸던 눈동자를 번뜩였고, 곧바로 독자의 두 손을 꼭 모아 잡았다.

"당신이 싫어하는 종류의 채소를 억지로 드실 필요 없어요. 거부감 없는 채소로 드시면 돼요. 드시기 편한 채소 더 없나요?"

"음, 오이도 괜찮아요."

독자가 잠시 자신의 워너비 채소를 생각하느라 집중한 사이, 어디선가 채소가 가득한 바구니를 들고 온 맛불리. 바구니 깊숙이 양손을 찔러 넣더니 시커멓고 네모난 무언가를 꺼냈다.

"그건?"

"네, 맞아요. 김이에요! 김 싫어하는 분은 별로 없으시더라고요."

"하지만 채소를 먹어야 한다면서요?"

"네. 채소를 밥도둑처럼 먹을 수 있는 주먹밥과 김밥을 만들 겁니다!"

완료 시 보상	실패 시 패널티
채소 적응 성공! 숙달되면 한 끼 먹기 편함 체중 감소(랜덤 보상)	채소 적응 실패

잠깐 레시피

채소 적응 메뉴 1 오리고기김밥

다이어트 음식이라고 믿기 어려운 맛! 훈제 오리고기, 두부, 낫토에 머스터드소스가 어우러지면서 정신을 못 차리고 채소를 먹을 수 있어요.

재료(1회분)

□ 밥 50~100g □ 훈제 오리고기(탄수화물 0g인 것) 50g
□ 두부 50g(물기 제거 후 사용) □ 깻잎·오이·당근 취향껏 □ 채 썬 양배추 많이(선택)
□ 낫토 1팩(선택) □ 김밥용 김 1장 □ 식초 1큰술 □ 참기름 또는 들기름 1큰술
□ 머스터드소스 1큰술

만드는 법

1 밥에 식초, 참기름, 머스터드소스를 넣고 섞는다.
2 두부, 오이, 당근은 길게 썬다. 오이와 당근은 감자칼로 썰면 편하다.
3 김밥용 김 위에 ①을 올린 뒤 깻잎, 낫토, 두부, 오이, 당근, 훈제 오리고기, 양배추를 올리고 말아 준다.

팁

무스비 틀을 사용해서 만들면 편하다.
낫토를 좋아하지 않으면 억지로 먹지 않는다.
오이와 당근을 함께 먹으면 비타민 섭취에 방해가 된다. 이 점이 신경 쓰인다면 둘 중 하나는 다른 채소로 대체한다.
보관하지 않고 만든 즉시 먹는다.

오리고기
김밥

폭탄
주먹밥

채소 적응 메뉴 2 폭탄주먹밥

밥순이 다이어터를 위한 특단의 레시피! 이번 주먹밥에는 곤약밥을 사용했습니다. 곤약밥 만드는 방법은 222쪽을 참고하세요.

재료(1회분)

□ 곤약밥 100g □ 김밥용 김 2장 □ 마약고추장 1큰술(만드는 법 216쪽)
□ 녹색 잎 생채소 취향껏 □ 삶은 닭 가슴살 1덩이 □ 토마토 1/2개(선택)
□ 달걀 1개(선택) □ 슬라이스 치즈 1장 □ 코코넛 오일 1/2큰술

만드는 법

1 달군 프라이팬에 코코넛 오일을 두르고 달걀을 부친다.
2 토마토는 3등분한다.
3 랩을 먼저 깔고 김을 마름모 모양으로 올린 뒤 김 안쪽에 밥을 반만 덜어 네모 모양으로 올린다.
4 ③의 밥 위에 녹색 잎 생채소, 닭 가슴살, 마약고추장, 토마토, 부친 달걀, 치즈를 올리고, 다시 채소와 남은 밥을 올린다.
5 ④를 김으로 네모나게 잘 싸고 랩으로 꽁꽁 싼다.
6 칼로 반으로 잘라서 먹는다.

팁

닭 가슴살 대신 고기 패티(만드는 법 168쪽)를 넣어도 된다.
보관하지 않고 만든 즉시 먹는다.
토마토를 빼고 물기 없는 재료로만 만들면 3일간 냉장 보관 가능하다.

레시피 Q & A

☞ **조미 김을 사용해도 되나요?**

조미 김에는 설탕이 들어가기도 하므로 조미하지 않은 생김을 사용하세요.

☞ **생채소는 어떤 게 좋을까요?**

상추, 양상추, 오이, 깻잎, 파프리카, 당근, 양배추를 추천합니다. 1~3가지를 골라서 넣으면 됩니다.

☞ **채소를 믹서에 갈거나 익혀서 사용해도 될까요?**

생채소란 조리하지 않은 채소입니다. 믹서에 갈면 입자의 크기가 너무 고와지므로 추천하지 않습니다. 칼로 다지거나 채소 다지기를 사용하는 게 좋습니다.

이런 분들은 생채소를 주의하세요

제가 다이어트에 크게 효과를 본 방법이 모든 사람에게 적절한 방법은 아닐 수 있습니다. 사람마다 체질이나 건강 상태가 다르기 때문이죠. 수많은 미디어 채널에서 다루는 정보도 마찬가지입니다. 자신의 건강 상태를 잘 살피면서 선별적으로 받아들이는 것이 중요합니다.

그중 하나가 생채소입니다. 생채소가 다이어트에 큰 도움은 되지만 특정 체질에는 맞지 않을 수 있습니다. 신장결석이 우려되는 사람 또는 장 기능이 약한 사람이 그렇습니다.

생채소에는 식이섬유가 많은데, 식이섬유는 변비를 해소하고 포만감을 주지만 날카로운 입자가 있어 장이 약한 사람은 장 내벽에 상처를 입을 수 있고, 장내에서 발효되면서 가스가 차기도 합니다. 만약 생채소를 먹었을 때 가스가 찬다면 장 기능이 약할 가능성이 높습니다.

옥살산도 조심해야 합니다. 모든 생채소는 아니지만 시금치, 파슬리 등에 옥살산 함량이 높습니다. 옥살산은 근육통을 유발할 수 있고 심하면 신장결석도 유발할 수 있다고 합니다. 장이 좋지 않은 사람이 먹으면 장이 손상되거나 염증이 가중될 수 있고요. 이런 채소들은 끓는 물에 살짝 데쳐 옥살산을 제거하고 먹는 것이 좋습니다. 특히 시금치는 다른 채소에 비해 옥살산 함량이 압도적으로 많기 때문에 저도 시금치는 꼭 살짝 데쳐서 먹습니다. 또한 대부분의 견과류에도 옥살산이 많이 들어 있으니 조금씩 먹으면서 몸이 어떻게 반응하는지 잘 살펴보고 먹는 양을 조절하는 것이 좋습니다.

빨리 살을 빼고 싶다는 조급함 버리기

다이어트를 시작하면서 체중이 천천히 빠지길 바라는 사람은 없을 겁니다. 특히 마음이 급한 사람은 다이어트를 시작한 지 하루 이틀 만에 체중계에 수십 번 오르락내리락하기도 하고, 인터넷으로 다이어트 후기를 검색하기도 하겠지요. 다른 사람들은 어떤 방법으로 얼마나 효과를 봤는지, 자신이 모르는 새로운 비법이 있는지, 얼마나 빨리 체중을 감량했는지 찾아보면서 자신과 다른 사람의 다이어트 속도를 비교해 보기도 하고요. 〈맛불리TV〉에도 이런 댓글이 종종 올라옵니다.

"저는 왜 이렇게 체중 감량 속도가 더딜까요?"

이런 댓글을 다는 분들 대부분이 다이어트를 시작한 지

1~2주 정도 된 분들입니다. 〈맛불리TV〉에 공개된 "한 달 반 만에 9kg을 감량한 영상"을 보고 따라 했는데, 자신은 2주가 됐는데도 아직 3kg밖에 안 빠졌다며 답답해합니다. 2주 만에 3kg이라면 매우 빠른 감량 속도인데 말이죠. 드라마틱하게 2~3주 만에 10kg을 감량한 사례도 있으니 비교가 되어 느리게 느껴지고 조급해졌을지도 모르겠습니다.

사실 이런 분들 마음에 뼈 때리게 공감합니다. 저도 다이어트하면서 그랬고, 실은 다이어트에 성공한 지금도 하루에 수십 번씩 체중계를 오르락내리락하니까요.

사람마다 시작하는 체중, 체질, 성별, 나이, 환경이 다르니 같은 방법을 실행하더라도 결과는 다를 수밖에 없어요. 그러니 다이어트를 할 때 남들과 비교하며 속상해하지 않았으면 좋겠습니다. 사소해 보이는 스트레스도 자꾸 모이면 다이어트에 불리하게 작용합니다. 급한 마음에 적응 기간을 거치지 않고 무리한 다이어트에 도전하게 될 수도 있고요. 물론 처음부터 엄격한 기준을 세우고 독하게 해내는 사람도 있지만, 모든 사람이 그렇게 할 수 있는 건 아닙니다. 오히려 금방 지쳐서 포기하기 마련입니다.

이제 남과 비교하지 말고 과거의 자신과 지금의 자신을 비교하면서 계획을 세워 보세요. 자신이 계획을 얼마나 잘 지켜내고 있는지, 앞으로 어떻게 더 변화해 나갈지 고민하면 더 재미도 있고 자신감도 생깁니다. 그러면 자연스럽게 높은 강도의 단계까지 나아갈 수 있고요.

저도 부담감을 내려놓고 습관을 하나하나 개선하다 보니 오히려 예상보다 훨씬 빠르게 체중 감량에 성공했습니다. 실천할 수 있는 것부터 하다 보면 재미와 가속도가 붙습니다. 결과적으로는 무리한 도전과 실패의 반복으로 시간과 노력을 허비한 것보다 훨씬 효율적인 일이 되었죠.

'다이어트에 방해되는 부담감 버리기' 간단 정리

1 **살 빼는 데 운동이 꼭 필요한 것은 아니다.**
2 **칼로리 계산은 안 해도 된다.**
3 **채소를 억지로 먹지 말고 다양하게 시도하자.**
4 **조급함을 버려야 오히려 빨리 체중을 감량할 수 있다.**

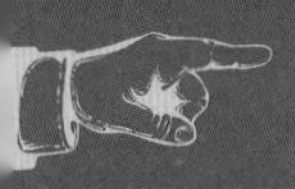

세 번째 관문
생체 리듬 바로잡기

생체 리듬 시간 제한 다이어트

자면서 알아서 살이 빠진다

자면서 살을 뺄 수 있는 방법이 있다면 믿으시겠어요? "그런 쉬운 방법이 있다면 이 세상에 살찐 사람이 왜 있겠어?" "기적의 알약이라도 개발한 거야?"라며 반문하고 싶겠지만, 실제로 존재하는 방법입니다. 이 방법은 맛불리 다이어트에서 지분을 50퍼센트 이상 가지고 있다 해도 과언이 아니에요. 게다가 전혀 새로운 방법도 아닙니다. 다이어트 상식처럼 전해지는 몇 가지 지식을 조합하고 구체화하기만 하면 자면서도 살을 뺄 수 있어요.

저녁 6시 이후에 먹으면 살찐다.

야식 먹으면 살찐다.

단 음식을 많이 먹으면 살찐다.

자주 먹으면 살찐다.

먹고 바로 자면 살찐다.

많이 먹으면 살찐다.

너무 당연한 이야기인가요? 하지만 그 원리를 정확하게 알고 있는 사람은 많지 않을 겁니다. 위의 내용은 모두 '생체 리듬'을 깰 수 있는 행동입니다. 생체 리듬이 깨졌다는 것은 몸이 정상적인 대사의 범위를 벗어났다는 것인데, 이 상태가 장기적으로 지속되면 각종 질병에 노출되기 쉬울뿐더러 살이 쉽게 찌는 체질로 변합니다. 이렇게 망가진 생체 리듬을 바르게 작동하도록 돌려놓기만 해도 살은 의외로 쉽게 빠집니다.

생체 리듬에 대해서는 우연히 KBS 〈생로병사의 비밀: 시간 제한 다이어트 편〉을 보고 알게 되었습니다. 그동안 살찌는 음식이 문제라고 생각했던 다이어트 상식을 송두리째 뽑아 버리는 중요한 계기가 되었죠. '시간 제한 다이어트'는 식사 때가 되면 배가 고프고 잘 때가 되면 졸린 우리 몸의 생체 시계를 잘 돌아가게 하는 것이 핵심입니다.

생체 리듬은 어쩌다 망가질까요? 여러 원인이 있겠지만 가장 큰 비중을 차지하는 것은 수면 부족과 야식, 폭식입니다. 야식을 한 번 먹으면 다음 날도 그다음 날도 야식을 찾게 되죠. 참을성이 부족하다고 자책하면서 말이에요. 하지만 범인은 따로 있어요. 그건 바로 '호르몬'입니다. 잠이 들면 소화기관도 잠이 들어야 하고 지방세포는 식욕을 억제하는 호르몬을 분비해야 합니다. 그런데 늦은 밤에 음식물을 섭취하면 소화기관이 쉬지 못해 수면을 방해하고, 생체 리듬이 어긋나면서 식욕을 억제하는 호르몬은 제대로 분비되지 못하고 식욕을 자극하는 호르몬은 증가해 식욕이 더 솟아납니다. 밤에 음식을 먹으면 단순히 살찌는 것으로 끝나는 것이 아니라 이런 악순환의 고리가 만들어지는 거예요. 그뿐만 아니라 밤늦게 섭취한 음식은 소화될 시간이 부족해 지방으로 저장되어 버립니다.

그러면 생체 리듬은 어떻게 되돌릴 수 있을까요? 식사 시간을 제한하고 잘 자면 됩니다. 자는 동안 소화기관도 쉴 수 있게 하는 거예요. 그러려면 자기 전에 소화를 마쳐야 하니 마지막 식사를 자는 시간으로부터 최대한 멀리 배정하면 됩니다. 즉, 적어도 잠들기 3~4시간 전부터 12시간 이상 소화기관이 충분히 쉴 수 있도록 금식하는 것입니다. 이렇게 하면 숙면하는 동안 식욕 억제 호르몬이 정상적으로 작동하고, 지방 축적 대신 지방 연소를 시작하며 식욕을 자극하는 호르몬 분비도 감소합니다. 비로소 자신의 의지대로 식사 조절이 가능해지는 거죠!

예를 들어 볼까요? 밤 12시에 잠을 잔다면 잠들기 4시간 전인 저녁 8시에 마지막 식사를 마칩니다. 그리고 아침 8시에 첫 식사를 합니다. 자는 시간을 포함해 12시간 동안 단식을 실행하는 것이죠. 참 쉽죠? 오전 8시 이후에 밥 먹고, 점심시간에 밥 먹고, 저녁을 오후 8시 전에 먹으면 되니까요. 다이어트를 하기 전과 다른 점이 있다면 야식과 간식이 빠진 정도죠. 쉬운 방법으로 체중을 감량하면 나도 할 수 있다는 자신감과 재미가 생겨 단식 시간을 늘리게 되고 다이어트에 가속이 붙어요.

간헐적 단식에 대한 오해

그럼 시간만 제한하면 피자, 떡볶이, 치킨 같은 것을 먹어도 살이 빠지느냐? 결론부터 말하자면 그럴 수도 있고 아닐 수도 있습니다. 여러 매체에서 다소 자극적인 문구로 간헐적 단식을 소개하다 보니 "아무 음식이나 먹어도 단식 시간만 지키면 살이 빠진다"는 오해를 불러일으키곤 합니다. 다이어트 초심자에게는 그저 기적 같은 말이죠. 더구나 먹보 맛불리 같은 사람에겐 엄청 솔깃한 제안 아니겠어요?

간헐적 단식에 대해 알게 된 저는 후기를 폭풍 검색해 보기 시작했습니다. 그런데 후기들이 매우 실망스러웠어요. 효과를 봤다는 사람도 있었지만 그렇지 않은 사람이 훨씬 많았거든요. 하지만 수많은 후기를 보면서 깨달았습니다. 어느 정도로 식단을 조절하느냐는 사람마다 다르다는 것입니다. 매일같이 야식으로 피자, 치킨, 떡볶이 같은 것을 먹던 초고도 비만인 사람이 같은 음식을 야식 대신 식사로 정량만 먹고 제대로 된 단식을 한다면 '가능성'이 있겠지만, 정상 체중인 사람이 평소에 이런 음식을 전혀 먹지 않다가 간헐적 단식만 믿고 갑자기 피자, 치킨, 떡볶이를 많이 먹으면 단식을 하더라도 오히려 살이 찌지 않을까요?

사실 신이 아닌 이상 체질과 성별, 나이, 환경, 운동 여부 등 사람마다 다른 다양한 변수를 알 수가 없어요. 가장 정확한 것은 자기 자신이 직접 실천하면서 효과가 있는지 시간을 두고 관찰하는 것입니다. 하지만 어느 정도 효과가 있었다 해도 계속해서 체중이 줄진 않을 겁니다. 체중이 줄면서 체질도 변하기 때문에 일정 수준에서는 몸이 적응하거나 식사량이나 운동량 등에 비례해서 현상 유지가 되는 시점이 옵니다. 결국 운동량을 꾸준히 늘리거나 식단을 병행하는 등 추가적인 방법을 동원해야 하죠.

또 단식 시간에 따라서도 다릅니다. 흔히 알려진 간헐적 단식의 방법대로라면 체중 감량을 위해 최소 12시간 단식을 유지해야 하는데, 단식 시간이 길수록 인슐린 분비가 줄어들고 지방이 많이 연소됩니다. 그래서 살이 찌기 쉬운 음식을 먹었어도 단식 시간이 길면 체중 감량 효과를 얻을 수 있겠죠.

제가 간헐적 단식에서 가장 중요하게 생각하는 것은 '맛있는 음식을 마음껏 먹을 수 있는가' '어떤 방법이 효과적인가'보다는 '평소에도 고통 없이 실천할 수 있는가'예요. 아무리 효과가 좋은 방법이라도 지속할 수 없다면 얼마 가지 않아 지치고 의지가 꺾입니다. 그러면 앞서 제가 포기한 운동 다이어트나 적게 먹는 다이어트와 다를 게 없어요. 그래서 욕심내서 효과적인 방법부터 실천하는 것보다 충분한 연습과 적응 기간을 거쳐 단계별로 성공하는 것이 무엇보다 중요합니다.

단계별 식단 계획표 1주 차

인슐린을 자극하는 식사를 줄이고 단식을 시작한다

계속되는 다이어트 실패로 잠시 다이어트를 접고 일반식을 먹고 있던 비만 맛불리. 새로운 방법의 다이어트가 필요했어요. 그래서 식단을 개선하기로 결심했죠.

"그래, 또다시 요요가 오지 않게 하려면 고통스럽지 않은 식단으로 시작하자!"

우선 실현 가능한 선에서 식단을 짜야겠죠? 첫 주에는 저녁 식사만 다이어트 식단으로 먹기로 계획했습니다. 지속 가능한 다이어트를 위해 갑자기 큰 변화를 주기보다는 점차 개선할 목적으로 허용 범위를 넓게 잡았어요.

07:00	아침	단식, 공복 지키기(맹물 한 잔)
09:00	간식	견과류(한 줌)
12:00	점심	일반식에 밥 반 공기
13:00	간식	시럽 넣지 않은 아메리카노
19:00	저녁	맛있고 배부른 다이어트 식단
20:30	야식	방울토마토, 무첨가 탄산수
21:00~09:00	단식 12시간	

오전 7시 아침 단식, 오전 9시 간식

'생체 리듬 간헐적 단식'을 실천하기 위해 아침은 생략했어요. 예전에는 아침을 굶는다며 아몬드 두유나 두유를 마셨는데 사실은 인슐린을 자극하는 설탕이 많이 들어가 식사를 한 것이나 다름없었죠. 이것들을 마셨다고 해서 포만감이 오래가지도 않았기 때문에 사실상 아침을 굶은 느낌이었고요. 그래서 두유 대신 물을 마시는 것은 어렵지 않았습니다. 그런데 생체 리듬이 망가진 상태에서 아침을 완전히 굶으니 너무나도 허기졌어요. 물로 가짜 배고픔을 이겨내기엔 왠지 공허하고 입 안에선 음식이 당겼죠. 그래서 첫 주부터 무리하게 단식 시간을 늘리지 않고 12시간 단식을 목표로 점심 식사 전에 영양가 있는 견과류를 먹기로 했습니다. 대신 견과류는 생각보다 탄수화물이 많기 때문에 적응하는 첫 주에만 먹었습니다.

오후 12시 점심 식사, 오후 1시 간식

지금은 유튜브 채널을 운영하고 있지만, 비만 시절의 저는 직장인이었기 때문에 음식을 준비하는 번거로움과 직장 분위기 등의 이유로 점심시간에는 외식을 해야 했어요. 사실 이건 핑계고 점심까지 도시락을 싸 다니며 다이어트 식단을 실천해야 한다는 압박감이 싫었습니다. 그래서 점심은 일반식을 먹되 단맛 나는 반찬은 되도록 피하고 탄수화물인 밥의 양을 반으로 줄이는 방법으로 식사량을 조절했어요. 그리고 음식을 오랫동안 천천히 먹으면 적은 양으로도 포만감을 느낄 수 있기 때문에 최대한 천천히 씹어서 먹었습니다.

첫 주에는 탄수화물에 길든 입맛으로는 여전히 밥을 덜 먹은 것 같은 느낌이 들어서 힘들었어요. 그래서 공허함을 달래기 위해 곧바로 시럽을 넣지 않은 아메리카노를 마셨습니다. 평소였다면 라테를 마셨겠지만 우유도 유당이 있기 때문에 인슐린 자극을 최소화하기 위해 라테는 더 이상 마시지 않기로 했어요.

오후 7시 저녁 식사, 오후 8시 반 야식

식단을 개선하기로 마음먹었지만, 막상 식단을 구성하려니 무엇을 어떻게 먹어야 인슐린 자극을 최소화하는지 제대로 경험해 본 적이 없었어요. 그래서 일단 구하기 쉽고 탄수화물 함량이 적은 식재료부터 선정해 식단을 구성했습니다.

앞서 탄수화물이 적은 식재료에 대해 소개했듯이 맛불리 다이어트의 기초 식재료는 '녹색 잎 생채소'입니다. 느리게 소화되고 풍부한 식이섬유 덕분에 포만감이 아주 오래 지속돼 식욕 조절에 큰 도움을 주죠. 저녁으로 먹은 식단은 PART 3의 맛불리 레시피를 참고하세요.

저녁을 먹고 단식을 시작하기 바로 전에는 방울토마토와 무첨가 탄산수로 허기를 달랬습니다.

단계별 식단 계획표 2주 차

단식 시간을 늘린다

단식 시간이 길면 길수록 인슐린 분비량이 감소하고 체지방이 효과적으로 연소됩니다. 그러므로 간헐적 단식을 실행하는 동안은 완벽한 단식을 하는 게 좋다고 생각합니다. 〈맛불리TV〉 댓글로 단식 시간에 차나 건강 보조제를 먹어도 되느냐는 질문이 많이 올라오는데, 앞서 설명했듯이 차는 수분을 배출시키기도 하고 일부는 인슐린을 자극하는 성분이 포함되어 있기도 합니다. 건강 보조제도 마찬가지고요. 한마디로 잘 모르고 먹으면 단식이 깨질 수 있다는 뜻이죠. 그러니 성분을 잘 모른다면 반드시 먹어야 하는 특수한 경우 말고는 차나 건강 보조제 둘 다 단식 시간 말고 식사 시간에 먹기를 권합니다.

체질이나 컨디션에 따라 차이는 있지만, 사람의 몸은 보통 공복 12시간 이후부터 지방 연소에 탁월한 상태로 전환되기 때문에 제가 가장 이상적으로 생각하는 단식 시간은 16시간입니다. 흔히 '16:8 단식'(16시간 공복, 8시간 식사)이라고 하는데, 아침 식사만 거르면 어렵지 않게 실천할 수 있습니다. 아침 식사가 세끼 중 가장 유익하다고 알려져 있어 아침 거르는 것을 우려하는 사람도 많은데, 아침을 거르는 문제는 건강 전문가들 사이에서도 의견이 갈리기 때문에 좋다 나쁘다, 맞다 틀리다 판단하지는 않겠습니다. 그런 부분이 찜찜하면 아침을 먹고 저녁을 거르는 것도 방법이라고 생각합니다.

첫 주에 12:12 단식을 실행한 다음 둘째 주부터는 단식 시간 늘리기에 도전했습니다.

07:00	아침	단식, 공복 지키기(맹물 한 잔)
09:00	간식	단식, 공복 지키기
12:00	점심	일반식에 밥 반 공기
13:00	간식	시럽 넣지 않은 아메리카노
19:00	저녁	맛있고 배부른 다이어트 식단
20:30	야식	방울토마토, 무첨가 탄산수
21:00~12:00	단식 15시간	

1주 차와 달라진 점은 아침 간식을 먹지 않기 시작했다는 거예요. 생체 리듬이 안정되면서 2주 차부터는 식욕 조절에 탄력이 붙었다고 해야 할까요? 단식의 힘은 생각보다 위대한 것 같아요. 신기하게도 딱 일주일이 지나자마자 거짓말처럼 식욕이 개선되었어요. 물론 단번에 식욕이 사라졌다면 거짓말이고, 1주 차에는 목구멍에서 자꾸 음식을 달라고 소리쳤다면 2주 차부터는 음식이 먹고 싶긴 하지만 참을 수 없을 정도는 아니었어요. 식욕 조절이 점점 쉬워질 거란 확신과 자신감이 드니 단식 시간이 늘어나도 고통스럽진 않았습니다. 게다가 식욕부터 해결하자는 심정이었기 때문에 체중 감소는 크게 바라지 않았는데 일주일 만에 무려 2kg이나 빠졌더군요. 뛸 듯이 기쁘긴 했지만, 한편으로는 '비만 맛불리'가 적게 먹고 살을 빼려 했던 시절에 비해 너무나도 쉽게 감량되어 허무하기도 했어요.

단계별 식단 계획표 3~9주 차

이상적인 16:8 단식에 도전하고 단맛을 끊는다

07:00	아침	단식, 공복 지키기
09:00	간식	단식, 공복 지키기
12:00	점심	일반식에 밥 반 공기, 단맛 나는 반찬 먹지 않기
13:00	간식	시럽 넣지 않은 아메리카노
19:30	저녁	맛있고 배부른 다이어트 식단 (20:00까지 식사 마치기)
20:00	야식	단식, 공복 지키기
20:00~12:00	단식 16시간	

3주 차부터는 단식에 완벽하게 적응해 마음의 부담이 사라지고 본격적으로 단식이 생활화되었습니다. 물론 이때도 음식이 아예 당기지 않았던 것은 아닙니다. 점심때는 계속 외식을 했기 때문에 여전히 자극적인 음식에 노출되어 있었고, 점심때

먹은 단짠단짠 반찬들이 온종일 은근한 식욕을 돋우었죠. 가짜 배고픔은 느끼지 않았지만 디저트가 자꾸 생각나더라고요. 하지만 생체 리듬이 점점 좋아지는 게 느껴지고, 식욕 조절도 점점 쉬워지니 더는 두려울 것이 없었습니다.

3주 차 막바지에는 체중도 더 줄어서 총 5kg을 감량했습니다. 엄청난 희열이 느껴지면서 의지가 샘솟았습니다. 주변 사람들도 놀라며 비법 전수를 부탁했지요. 9주 차까지 꾸준히 같은 식단과 단식 시간을 지켜서 12kg까지 감량했습니다.

단계별 식단 계획표 10주 차

다이어트 식단으로 하루 두 끼만 먹는다

07:00	아침	단식, 공복 지키기
09:00	간식	단식, 공복 지키기
12:00	점심	맛있고 배부른 다이어트 식단
13:00	간식	저탄수화물 간식+아메리카노
19:30	저녁	맛있고 배부른 다이어트 식단 (20:00까지 식사 마치기)
20:00	야식	단식, 공복 지키기
20:00~12:00	단식 16시간	

2개월 만에 12kg을 감량하고 인슐린으로부터 점차 자유로워지니 일반식을 먹고 싶은 욕구도 줄어들었어요. 그래서 두 끼 모두 저탄수화물 식단으로 변경하고, 대신 저탄수화물 간식을 추가했습니다.

이렇게까지 제한하면 먹고 싶은 음식은 대체 언제 먹느냐고 생각할 수 있겠죠. 하하. 먹고 싶은 음식은 일주일에 한 번 '치팅데이'를 정해 먹으며 욕구를 충족시켰습니다. 치팅데이는 냉정하게 자신을 돌아봤을 때 식단을 정말 잘 지키고 단맛도 끊었다고 생각하면 5주부터는 일주일에 한 번 즐겨도 됩니다. 하지만 다이어트 기간이 짧을수록 치팅데이로 식욕이 돌아올 확률도 커요. 저는 안전하게 10주부터 치팅데이를 즐기기를 권합니다. 치팅데이를 즐기는 방법은 다른 장에서 소개해 드릴게요.

치팅데이에서 끝내지 못하고 평소 식사를 할 때 탄수화물 섭취량을 확 늘리면 요요가 올 수 있습니다. 우리 몸은 원래대로 돌아가려는 성질이 있는데, 몸이 새로운 체중에 적응하기 전에 탄수화물을 자유롭게 섭취해 버리면 이때다 싶어 당을 열심히 축적하죠. 그러므로 목표 체중에 도달하면 새로운 체중에 몸이 적응하게 만드는 것이 중요합니다.

저는 새로운 체중에 적응하고 식욕 조절도 잘하게 된 뒤로 가끔 초콜릿, 마카롱, 라면, 아이스크림, 치킨, 케이크를 먹지만 체중은 잘 유지하고 있습니다. 물론 이런 음식을 비만 시절처럼 마구 먹지는 않아요. 음식이 나에게 어떤 영향을 주는지 잘 알기 때문이기도 하지만, 먹고 싶은 욕구 자체가 없어졌기 때문입니다. 이제 요요가 두렵지 않습니다.

'생체 리듬 바로잡기' 간단 정리

1 **생체 리듬을 바로잡아야 식욕이 조절된다.**
2 **간헐적 단식만 믿고 폭식하면 안 된다.**
3 **단계별 식단 계획표를 참고해서 차근차근 생체 리듬을 바로잡는다.**
4 **처음부터 욕심내서 단식하면 실패의 지름길로 직행!**
5 **단식 시간은 천천히 늘린다.**

상황별 대응 요령

직장인의 점심 다이어트 완벽 가이드

직장인에게 허락된 점심 메뉴는 매일 회사 근처에서 사 먹는 그저 그런 음식과 자극적인 음식 또는 구내식당 음식이 전부입니다. 사실 사 먹는 음식은 맛이 없으면 손님이 찾아오지 않기 때문에 자극적인 맛을 내려고 설탕을 넣는 경우가 많아요. 나물 반찬이나 깍두기처럼 설탕이 들어가지 않았을 법한 반찬에조차 설탕을 넣는 집도 제법 있답니다. 당연히 이런 음식은 다이어트에 도움이 되지 않겠죠. 정제 탄수화물이 가득한 식사를 하지 않는 것만으로도 체중 감량에 충분히 도움이 되지만, 각자 처한 상황에 따라 어쩔 수 없는 경우가 있습니다.

어쩔 수 없이 구내식당을 이용해야 하거나 도시락을 싸야 할 수도 있고, 밖에서 사 먹어야만 하는 경우도 있습니다. 저는 세 가지 경우를 다 겪어봤기 때문에 여러분의 심정에 크게 공감할 수 있어요!

특히 직장 상사 눈치 보느라 다이어트를 내 의지대로 못할 때, 직장 상사가 얼마나 밉고 서러운데요. 이럴 때는 가슴에 품었던 사표를 던져 버리고 싶답니다. 하지만 괜찮아요. 우리는 여러 가지 상황에 맞춰 노력할 수 있습니다.

일단 점심을 굶는 것은 현명하지 못한 방법입니다. 우리 몸은 굶으면 굶을수록 에너지를 필사적으로 저장하려는 '기아 상태'가 되기 때문에 장기적인 다이어트를 위해서는 대사를 이어 나갈 수 있을 정도의 음식 섭취는 꼭 필요합니다. 게다가 점심을 굶으면 너무 배가 고파 참다 참다 결국엔 저녁을 왕창 먹게 돼요. 저만 그런가요? 우리의 다이어트 성공 열쇠는 '식욕 조절'이라는 것을 잊지 마세요.

가장 이상적인 방법은 도시락을 싸는 것입니다. 하지만 우리에겐 출근 준비하기에도 벅찬 아침에 도시락을 쌀 시간 따윈 없지요. 그래서 도시락을 덜 힘들게 준비하는 방법과 도시락을 준비할 수 없는 분들을 위한 방법을 모두 마련했습니다.

구내식당파

사내 구내식당을 이용하지 않으면 상사의 잔소리를 들어야 하는 경우예요. 구내식당을 이용하지 않으면 불이익을 주는 회사도 있다던데 사실인가요? 정말 그런 회사가 있다면 정말 힘드시겠어요. 하지만 그렇다고 해서 의지의 다이어터인 우리가 체중 감량을 포기할 순 없죠! 완벽한 방법은 아니지만 대처 방법은 있습니다. 바로 식사량을 줄이는 아주 당연한(?) 방법을 사용하는 거예요.

이 방법은 어쩔 수 없는 상황에서 대처할 수 있는 임시방편이기 때문에 다소 허기질 수 있어요. 하지만 우리는 각자의 상황에서 최선의 노력을 해야만 합니다.

❶ 탄수화물 함량이 많은 밥의 양 조절

2015년 보건복지부에서 발간한 〈한국인 영양소 섭취 기준〉 자료에 따르면, 미국의 탄수화물 섭취 기준은 '케토시스'를 방지하는 포도당량(100g/일)을 근거로 1일 평균 필요량을 100g으로 설정하고 있습니다(이것이 다이어트 기준의 필요량을 의미하는 것은 아닙니다).

하지만 2008~2012년 국민건강영양조사 자료에 따르면, 우리나라의 1일 평균 섭취량은 314.5g으로 매우 높은 수준이죠. 우리가 주식으로 애용하는 흰쌀밥과 반찬에 들어가는 설탕의 역할이 매우 큽니다.

구내식당에서는 보통 흰쌀밥이 나옵니다. 그런데 흰쌀밥에는 작은 한 공기 기준(210g) 약 68.6g, 큰 한 공기 기준(300g) 약 93g의 탄수화물이 들어 있어요. 큰 그릇으로 밥 한 공기를 먹으면 한 끼에 미국의 섭취 기준(100g)을 금방 뛰어넘는다는 뜻입니다.

점심시간에 작은 그릇 반 공기(105g)를 먹으면 약 34.3g의 탄수화물을 섭취하니 다이어트에 큰 지장은 없을 거라 생각해요. 물론 반찬에 들어 있는 설탕도 신경 써야 하니 단맛 나는 반찬은 피하거나 조금만 먹는 것이 좋습니다.

보통 구내식당에서는 식판에 담아 먹기 때문에 밥의 양을 가늠하기가 어렵습니다. 오전에 열심히 일하고 배가 고프면 자신도 모르게 많이 먹기 쉽죠. 이럴 때는 밥숟가락 계량으로 자신이 먹을 양을 정해 놓고 식사를 시작합니다. 밥숟가락으로 소복하게 5숟가락 정도를 담아 드세요. 작은 반 공기(100g)

에 해당하는 양입니다.

그리고 다이어트를 처음 시작하면 꽤 적은 양으로 느껴질 수 있으니 한 입 먹을 때마다 찻숟가락 양만큼씩 떠서 천천히 음미하세요. 아주 느린 식사를 하면 적은 양으로도 포만감을 느낄 수 있답니다.

❷ 포만감을 주는 재료 준비

첫 번째 방법은 평소 식사량보다 적어 식사 후에도 배고프고 허기질 수 있어요. 그래서 저녁에 폭식하는 것을 조심해야 하는데, 두 번째 방법으로 포만감을 더할 수 있습니다. 몇 가지 재료를 회사에 준비해 놓는 거예요.

회사에 구비해 두면 좋은 음식

실온 보관: 김 가루(생김), 참치, 간장, 마약고추장(일반 고추장 금지! 마약고추장 만드는 법 216쪽 참고)

냉장 보관: 생채소(또는 편의점에서 샐러드 구입)

밥의 양을 줄이는 대신 생채소와 김 가루를 곁들여 먹으면 풍부한 식이섬유 덕분에 오랫동안 포만감을 유지할 수 있습니다. 편의점에서 판매하는 샐러드에는 보통 드레싱이 들어있는데 설탕이 첨가된 경우가 많아 먹지 않는 게 좋아요. 밥에 생채소와 김 가루를 넣고 비빔밥을 만들어 먹으면 적은 양의 밥으로도 충분히 배부르게 먹을 수 있습니다. 물론 이것들을 구내식당에서 뜬금없이 꺼내면 함께 식사하는 동료가 이상하게 쳐다볼 수 있으니, 다이어트 중이라는 것을 꼭 알리세요. 함께 다이어트하자며 생채소와 김 가루를 능청스럽게 나눠주는 것도 이상하게 보일 위기를 넘기는 좋은 방법입니다.

여기에 더해 가능하다면 당질이 적은 참치(팩 참치 추천, 한 끼에 60~90g), 간장(한 끼에 2숟가락 허용), 된장(한 끼에 1숟가락 허용), 마약고추장(한 끼에 2숟가락 허용, 일반 고추장은 당질이 많으니 금지)을 준비하면 반찬을 굳이 먹지 않아도 되기 때문에 설탕 반찬의 위협을 줄일 수 있답니다. 생채소를 제외한 다른 음식은 모두 실온 보관이 가능하니 자리에 구비해 놓고 식사 시간마다 구내식당으로 가져가세요. 간장과 마약고추장은 냄새가 날 수 있으니 밀폐용기에 보관하고요.

생채소는 포만감을 주는 데 가장 중요한 역할을 하기 때문에 저녁 폭식 방지를 위해서라도 꼭 함께 먹기를 권합니다. 편의점에서 사는 것도 좋지만 쉬는 날 시장에서 좋아하는 생채소를 사서 미리 지퍼 백에 담아 두면 더 저렴하고, 출근할 때 냉장고에서 꺼내기만 하면 되니 편리합니다. 만약 재료 손질이 귀찮다면 손질한 몇 가지 채소를 섞어 파는 마트의 샐러드용 채소를 활용해 보세요.

외식파

상사의 눈치, 회사 제휴 음식점, 동료와의 친분, 귀차니즘 등의 이유로 점심을 사 먹을 수밖에 없는 경우가 있죠. 각각의 상황별로 이렇게 대처해 볼까요?

❶ 메뉴를 고를 수 없을 때

상사가 원하는 음식을 먹어야 한다거나 회사 제휴 음식점을 이용해야 해서 메뉴를 고를 수 없다면, 식사량을 줄이는 방법뿐입니다. '구내식당파'의 1번과 같은 방법으로 식사량과 반찬 섭취를 조절하면 리스크를 최소화할 수 있습니다. 그리고 함께 식사하는 상사가 왜 적게 먹느냐고 잔소리를 할 수 있으므로 다이어트 중임을 밝히는 게 좋습니다. 만약 다이어트 중임을 밝혔는데도 잔소리하면, 그분과의 식사 자리를 최대한 피해 봅시다.

❷ 메뉴를 고를 수 있을 때

상사와 식사를 하더라도 메뉴를 어필할 기회는 있습니다. "저 오늘 OO 먹고 싶습니다! 어떠세요?"라는 식으로 먼저 제안할 수도 있고, 반대로 상사가 "오늘 뭐 먹지?"라고 할 수도 있겠죠. 이럴 때 가장 현명한 메뉴는 비빔밥!

제가 다니던 직장 주변에는 비빔밥을 먹을 수 있는 음식점이 많았습니다. 비빔밥 전문점이 아니더라도 순댓국집, 국밥집, 백반집, 고깃집 모두 점심 메뉴로 비빔밥을 팔았죠. 여러분의 직장 주변에도 분명히 비빔밥을 먹을 수 있는 음식점이 있을 거예요. 함께 식사하는 동료들이 지루해하지 않도록 비빔밥 파는 음식점 몇 곳을 돌아가며 정하는 센스도 발휘해 보세요.

비빔밥은 각종 생채소를 먹을 수 있어 포만감을 유지하기 좋은 메뉴입니다. 단, 밥은 반 공기만 넣고 양념장은 당질이 많으므로 넣지 않는 게 좋습니다. 주문할 때 양념장을 빼달라고 하면서 간장을 따로 조금 달라고 부탁해 보세요. 간장만 미리 가지고 가는 것도 좋은 방법입니다. 여기에 편의점에서 쉽게 구할 수 있는 팩 참치(60~90g)를 함께 넣고 비벼 먹는 것도 포만감 유지에 도움이 될 거예요. 아니면 회덮밥을 먹는 것도 좋습니다. 마찬가지로 가능하다면 양념장 대신 간장을 요청해서 먹습니다.

비빔밥 외에도 다이어트에 도움이 되는 메뉴들이 있습니다. 샤부샤부, 훠궈, 보쌈, 삼계탕, 고기 국밥, 생선구이 등을 먹으면 되는데, 먹는 방법은 174쪽을 참고하세요.

편의점파

편의점 메뉴로 자신만의 음식을 만들어 먹는 것도 좋습니다. 즉석밥 반 공기 이하(100g 이하, 엄격한 다이어트엔 50g 이하나 생략)를 기본으로 하고, 어쩔 수 없는 경우 같은 양의 단호박이나 고구마로 대체합니다. 단, 단맛이 입맛을 자극할 수 있으니 주의하세요. 군고구마나 단맛이 추가된 고구마는 안 되고 양을 반드시 지켜야 합니다.

❶ 다이어트에 도움이 되는 제품

팩 참치(한 끼에 60~90g), 샐러드(생채소만, 소스 제외), 닭 가슴살(한 끼에 1덩이), 낫토(한 끼에 1팩), 연두부(팩 제품), 삶은 달걀, 차 종류, 아메리카노, 치즈(자연 치즈), 무가당 요거트(한 끼에 1팩), 김, 방울토마토, 연어구이

❷ 탄수화물 함량이 많아 권하지 않는 제품

음료 형태의 음식(두유, 아몬드 두유, 우유, 채소 주스, 과일 주스, 곤약젤리 등 단맛이 나는 액체 음식), 콘샐러드, 샐러드드레싱, 선식, 곡물가루 형태의 음식, 곤약 라면, 견과류(매우 소량만 허용), 견과류바, 과일, 단호박(소량 허용), 고구마(소량 허용), 라테, 모든 빵, 에너지 바, 건조 과일

❸ 추천하는 조합

팩 참치+연두부+샐러드+즉석밥 ⇨ 비빔밥

연두부+낫토+김+치즈+샐러드 ⇨ 낫토비빔볼

삶은 달걀+연두부+치즈+닭 가슴살 샐러드 ⇨ 간편식

무가당 요거트+닭 가슴살 샐러드+치즈 ⇨ 요거트 드레싱 샐

러드

귀차니즘형 도시락파

도시락을 먹기에 자유로운 환경이라면 점심 식사로 가장 추천하는 방법이자 가장 이상적인 방법이에요. 가장 효과적인 음식으로 포만감 있게 먹을 수 있기 때문이죠. 앞서 소개한 방법은 그저 처한 상황에서 최선을 다하는 임시방편일 뿐, 배고픔을 동반할 확률이 더 높습니다. 도시락을 준비하는 게 귀찮을 수 있겠지만, 귀찮음을 최소화하는 방법이 있어요. 쉬는 날 일주일 치를 몰아서 만드는 거죠!

식사를 미리 준비해 두는 것을 밀프렙(Meal-prep)이라고 하는데, 식사(Meal)와 준비(Preparation)의 합성어입니다. 일주일 치를 밀프렙해서 냉장고에 넣어 두면, 점심으로 뭐 먹을지 고민할 일도 없고 살찌는 음식의 위협도 피할 수 있으니 일석이조라 할 수 있죠.

“뭐? 도시락을 싸라고?”

일터에서도 고생하는데 집에서도 고생해야 한다는 회의감과 귀찮음을 깊이 느낀 독자는 한숨을 쉬었다.

똑똑.

독자는 노크 소리를 듣고 문을 열었다. 맛불리였다.

“아니, 집까지 어쩐 일이세요? 다이어트고 뭐고 오늘은 다 귀찮아요.”

손사래를 치고 문을 닫으려는데 맛불리가 문을 탁 붙잡았다.

“잠시만요, 독자님!”

독자는 맛불리의 적극적인 모습에 조금 놀라며 물었다.

“무슨 일인데요?”

“제가 독자님의 귀차니즘을 완화해 주러 왔습니다!”

“아니 제가 지금 귀찮아하는 것을 어떻게 알고 찾아오셨죠?”

“저도 그런걸요! 특히 직장인은 퇴근하고 집에 오면 손도 까딱하기 싫은 법이죠.”

"맞아요. 직장인에게 다이어트는 사치일지 몰라요."

"포기하지 마세요! 많은 사람이 귀차니즘 때문에 다이어트에 어려움을 겪고 있습니다. 물론 다이어트는 부지런해야 할 수 있죠! 하지만 걱정 마세요! 덜 귀찮은 방법이 있답니다."

독자는 의심이 가득한 눈초리로 맛불리를 응시했다.

"한번 들어나 보죠."

"좋아요! 아주 어려운 방법은 아닙니다. 쉬는 날을 이용하는 거예요."

"쉬는 날은 쉬어야 하지 않을까요?"

독자는 대화에 피로감을 느끼며 문을 닫으려 했다.

"으, 안 돼! 다이어트는 누가 대신해 주지 않아요! 종일 걸리는 일도 아닌걸요. 운동하라는 말은 하지 않을 테니 운동할 시간을 투자해 보세요!"

멈칫.
입을 앙다문 독자는 팩트 폭행에 말문이 막힌 듯했다. 이윽고 결심한 듯 입을 열었다.

"후, 그래요. 맛불리의 말이 일리는 있군요. 쉬는 날 몇 시간 투자해서 살이 빠진다면야. 방법을 알려 주세요."

"좋아요!"

완료 시 보상	실패 시 패널티
설탕이 들어간 외식 메뉴로부터 다이어트 방어 오늘은 무얼 먹을지 고민하지 않아도 되는 편안함 체중 감소(랜덤 보상)	다이어트 의지 하락 체중 증가(랜덤 발동)

귀차니즘 해소 메뉴 1 비빔밀프렙

레시피는 따로 없습니다.
일주일 중 출근하는 날만큼의 밀폐용기를 준비해서 다음 재료들을 1인분씩 모두 때려 넣으세요! 비벼 먹기 편한 큰 밀폐용기가 좋습니다.

재료(1회분)

- □ 닭 가슴살(또는 돼지고기, 소고기, 팩 참치 중 선택) 80~130g
- □ 밥 50~100g □ 밥과 비벼 먹기 좋은 생채소 많이 □ 김 가루(생김)
- □ 간장 또는 마약고추장(만드는 법 216쪽 참고, 일반 고추장은 당질이 많으니 금지) 2큰술
- □ 반찬 삼아 먹을 방울토마토(선택)

만드는 법

고기는 익혀서 잘게 썰어 담는다. 소금간은 해도 된다.
팩 참치는 미개봉 상태로 보관했다가 식사 때 개봉한다.
채소는 일주일간 냉장 보관해야 하므로 신선한 것으로 준비한다.
간장 또는 고추장은 가급적 종지에 따로 보관해 두고 먹을 때 넣는다.

팁

1주간 냉장 보관 가능하다(재료의 신선도에 따라 달라질 수 있음).

고기
패티

잠깐 레시피

귀차니즘 해소 메뉴 2 고기패티

고기 1인분으로 햄버거 패티 15장 '연성'! 다이어트에 햄버거 패티라니! 신이 나게 만들어 봅시다. 녹색 잎 생채소와 함께 먹으면 포만감 상승, 슬라이스 치즈 2장과 곁들여 먹으면 햄버거 부럽지 않은 맛! 밀프렙으로 활용하세요.

재료(5회분)

□ 양배추 200g □ 소고기(또는 돼지고기나 닭 가슴살 중 선택) 200g(다져서 사용)
□ 달걀 3개 □ 마늘 4톨(다져서 사용) □ 두부 250g(물기 제거 후 사용)
□ 팽이버섯 2봉 □ 소금·후추 약간씩 □ 코코넛 오일이나 버터 1/2큰술

만드는 법

1 양배추와 팽이버섯을 잘게 썰어 큰 양푼에 넣는다.
2 ①에 소금, 후추, 코코넛 오일을 제외한 모든 재료를 넣고 섞는다.
3 소금은 최대 2작은술, 후추는 취향껏 넣고 또 섞는다.
4 비닐장갑을 끼고 동글납작하게 빚어 패티 15장을 만든다.
5 프라이팬에 코코넛 오일이나 버터를 두르고 약불에 타지 않게 굽는다.

팁

한 끼에 3장까지만 먹는다(밥과 함께 먹는다면 밥 100g 이하, 고기 패티 2장).
녹색 잎 생채소와 슬라이스 치즈 2장을 곁들여 포만감 있게 먹는다.
익히지 않은 상태로는 2일간 냉장 보관, 3일 이상 보관하려면 랩에 싸서 냉동 보관한다. 익힌 상태로는 밀폐용기에 넣어 5일간 냉장 보관 가능하다.

남들 다 먹는 회식

다이어트를 할 때 가장 억울한 일은 먹고 싶지 않은 음식을 주변 상황 때문에 억지로 먹어야 할 때입니다. 저는 술을 해독하는 기능이 약해 주량도 아주 적은 편이고, 너무나도 쉽게 먹은 것을 확인하는 부작용도 겪습니다. 요즘은 술을 강요하는 문화가 많이 사라졌다고는 하지만, 아직도 술을 거부하기 힘든 상황에 처하는 사람도 많죠. 물론 술을 워낙 좋아해서 회식과 술자리를 즐기는 사람도 많고요. 이런 사람들은 술을 마시면서 다이어트를 할 수 있는 내용을 기대할 텐데, 정중히 사과부터 드리겠습니다. 그런 방법은 없다고 할 수 있습니다.

소주, 맥주, 막걸리 많이 드시죠? 이런 술은 칼로리가 어마어마한데, 사실 그것은 중요하지 않아요. 칼로리와 상관없이 알코올이 몸에 끼치는 영향에 대해 알아야 할 몇 가지가 있습니다.

우리 몸은 알코올을 독으로 인식하고, 신속하게 분해해야 살아남을 수 있으니 알코올을 최우선으로 처리합니다. 즉, 탄수화물을 분해하고 지방을 연소해야 할 시간에 알코올만 분해하는 것이죠. 결국 지방, 탄수화물, 단백질 대사는 지연되고, 처리되지 못한 잉여 영양분은 모두 지방으로 축적됩니다. 술배가 나오는 이유이기도 하죠. 게다가 보통 술은 안주와 함께 즐기잖아요? 이때 먹은 안주는 제대로 된 처리 과정을 거치지 못한 채 잉여 영양분이 되어 여러분의 뱃살을 더욱 두둑하게 만듭니다. 거기에 혈당의 상승과 급강하로 인해 식욕 조절에 어려움을 느끼는 것은 덤입니다. 그 어떤 식단을 구성해도 술을 마시면 다이어트는 힘들고 험난한 길이 되어 버리니, 회식 같은 어쩔 수 없는 상황에서는 최대한 적게 마시는 게 좋습니다.

저는 어쩔 수 없이 많이 마셔야 하는 상황에서는 주변 사람들에게 다이어트를 한다고 밝혀요. 물론 회식이나 술자리에서 그런 이야기를 하면 "아, 뭐래. 하루 먹는다고 안 쪄!"라고 말하는 사람들이 꼭 있습니다. 이런 사람들한테는 이야기해 봤자 내 건강, 내 다이어트 책임져 줄 것도 아니면서 계속 술을 권하더군요. 저는 이런 사람들과 언쟁 없이 넘어가기 위해 몸이 술을 마실 수 없는 상태라는 것을 어필하곤 합니다. 허리와 무릎이 안 좋은 것을 핑계로, "병원에서 술 먹으면 안 된다고 했다. 지금은 술을 마시기 힘들다"는 말을 자주 씁니다. 병원에서 술을 절대 마시지 말라고 한 것은 아니지만, 허리랑 무릎 때문에 체중을 감량하라는 의사의 처방이 있었고, 체중 감량을 하려면 술을 마시지 않아야 하니 핑계도, 거짓말도 아닌 셈이죠.

여러분도 체중 감량을 결심한 계기가 있을 테니 서로 기분 상하지 않을 만한 말을 미리 준비해 보세요. 미리미리 생각해 놔야 급작스러운 술자리에도 당황하지 않고 대처할 수 있어요. 건강은 누가 대신 챙겨 주는 것이 아니라 스스로 지켜야 한다는 것을 꼭 기억하세요.

물론 다이어트할 때 술을 마시면 효율이 떨어진다는 거지 인생에서 술을 없애야 한다는 뜻은 아니에요. 술을 마실 때 안주는 절대 먹지 않으면서 술은 최소한의 양으로 절제하고, 술자리를 마친 다음에는 최소 24시간 정도 간헐적 단식을 통해 공복을 유지하면 그나마 살이 덜 찔 수 있어요. 단, 음주를 한 다음 날은 식욕 조절이 매우 힘들 수 있으니 폭식에 주의해야 합니다. 정말 이렇게까지 하면서 마셔야 하는 상황이라면 더욱 철저하게 관리해야 다이어트 성공의 대열에 아슬아슬하게 합류할 수 있어요. 그만큼 술은 다이어트에 도움이 되지 않으니까요!

남들 다 먹는 외식

아무리 식단을 지키겠노라 철석같이 다짐해도 가족이 맛있는 음식을 사 들고 온다거나, 친구들 모임 때 다이어트에 좋지 않은 음식을 먹자고 한다면 어떻게 될까요? 네. 그렇죠. 다이어트에 현타가 옵니다. 철저하게 식단을 지킨 저도 어느 순간 현타를 느끼기 시작했어요. 사람들이 내 앞에서 살찌는 음식을 아무 거리낌 없이 씹고 뜯고 맛보며 즐기는 모습을 그저 바라만 보고 있자니 눈물이 나더군요. 나도 그들과 함께 씹고 뜯고 맛보고 즐길 줄 아는데 말이죠. 다이어터의 삶이 참으로 팍팍하다고 느껴지며 순간 포기하고 싶은 욕구가 샘솟아요. 그러나 이럴 때일수록 마음을 차분히 가라앉히고 주변 사람들에게 다이어트 중임을 밝히며 도움을 요청해야 합니다.

다행히 다이어트에 큰 영향이 없는 선에서 먹을 수 있는 외식 메뉴도 많기 때문에 메뉴 선정을 적극적으로 주도하면 모임 분위기를 망치지 않으면서 해피엔딩(?)을 노릴 수 있습니다. 여러분의 행복한 다이어트와 모임 분위기를 기원하며 제가 자주 먹는 외식 메뉴를 소개해 드릴게요.

물론 다음 메뉴도 아무렇게 먹는 것이 아니라 저탄수화물 식사법을 기본으로 적당히 먹는 것이 좋습니다. 102쪽에 있는 '저탄수화물 식사 규칙'을 꼭 다시 한번 확인하세요.

고기, 곱창

밥, 국물, 면은 함께 먹지 않고, 양념된 고기는 먹지 않습니다. 고기와 소금장, 쌈 채소와 먹으면 좋아요. 달걀찜을 곁들여 먹어도 좋습니다. 쌈장, 고추장에도 많은 당질이 포함되어 있으니 반드시 주의하세요.

생선회, 해산물

종류에 따라 다르긴 하지만, 생선회는 단백질이 풍부해 다이어트할 때도 부담 없이 먹을 수 있습니다. 물론 고기와 마찬가지로 당질 음식과 함께 먹지 않는 게 중요해요. 초장에는 매우 많은 당질이 들어 있으니 소량의 고추냉이와 간장을 찍어 먹거나 채소에 싸서 먹는 것을 권합니다.

샤부샤부, 훠궈

녹색 잎 생채소를 강조하고 있지만, 가끔은 채소를 익혀 먹는 것도 별미예요. 국물은 소량만 먹고 채소와 고기, 해산물 위주로 식사를 하면 베스트! 소스는 스위트 칠리소스나 땅콩버터를 곁들이는 경우가 많지만 당질이 많으니 되도록 간장이나 고추냉이에 먹는 게 좋아요. 다른 것과 마찬가지로 면이나 죽, 어묵 같은 탄수화물은 제한하고 먹는 게 좋겠죠?

포케

포케는 하와이식 회덮밥으로 다이어트에 도움이 되는 식재료가 많이 들어갑니다. 하지만 탄수화물이 가득한 소스나 재료가 들어가는 경우도 있으니 커스텀 주문은 필수예요. 옥수수, 병아리콩, 양념 고기, 밥, 대부분의 과일은 주문할 때 빼달라고 요청하고 연어, 참치, 아보카도, 각종 채소 등으로 구성해서 먹으면 좋습니다.

보쌈

보쌈은 채소 쌈과 함께 먹으면 큰 무리가 없는 음식입니다. 하지만 보쌈김치와 물김치에는 설탕이 많이 들어가기 때문에 주의해야 합니다.

삼계탕, 고기 국밥

국물은 소량만, 고기 위주로 먹으면 좋은 음식입니다. 국물에 포함된 찹쌀죽이나 밥은 빼고 고기는 소금을 찍어 드세요.

생선 소금구이, 장어 소금구이, 곰장어 소금구이

양념을 바르지 않은 생선구이입니다. 간장과 고추냉이 소스나 소금을 곁들이고 밥과 같은 탄수화물은 함께 먹지 않는 게 좋아요.

뷔페

대부분의 뷔페에는 생채소와 양념하지 않은 고기, 해산물이 있습니다. 이런 음식 위주로 먹는다면 뷔페도 가능합니다! 다만 다이어트를 방해하는 음식의 유혹을 이겨낼 자신이 없다면 가지 않는 게 좋겠죠.

"설거지 하기 싫어요."

딸랑.

"누구세요?"

"존맛탱"을 외치며 다이어트 레시피 연구가 한창인 맛불리 연구소에 누가 찾아왔다. 문을 열어 보니 꽤 반가운 얼굴, 독자다!

"오! 안녕하세요! 그런데 무슨 일로 오셨죠?"

독자는 플라스틱 밀폐용기 뚜껑을 맛불리 손에 탁 쥐여 주며 인상을 썼다.

"저기요, 설거지하기 싫어요."

불만 가득한 목소리였다. '일주일 치 비빔밀프렙'을 해 보고 뭔가 마음에 들지 않았던 모양이다. 미간 사이가 구겨지는 독자. 맛불리는 그의 눈치를 본다.

"네? 설거지는 늘 하는 거잖아요."

"밀프렙으로 나름 편하게 점심을 해결했지만 매일 점심 먹은 설거지가 개수대에 가득하다고요."

"그날 먹은 걸 퇴근하고 바로 설거지하면 쌓일 일이 없잖아요?"

독자는 콧날을 찡긋거렸다. 아마도 맛불리의 말에 조금 찔린 듯했다.

"그만! 듣기 싫어요. 맨날 비빔밥만 먹었더니 지루하다고요. 이번 주에는 밥 말고 샌드위치 같은 거 먹고 싶어요."

맛불리는 머리를 한번 긁고 밀폐용기 뚜껑을 다시 독자에게 돌려줬다.

"당신이 그렇게 나올 줄 알았어요. 그렇다면 이번엔 이것을 준비하세요."

맛불리는 양손을 허리춤에 넣고 주섬주섬 무언가를 꺼냈다.

"이게 뭔가요?"

"랩과 포두부예요."

"이걸로 뭘 할 수 있죠?"

"설거지가 필요 없는 브리또 밀프렙을 만들 겁니다."

설거지 안 하기 퀘스트

완료 시 보상	실패 시 패널티
퇴근 후 도시락	설거지
설거지 안 해도 됨	다이어트 의지 하락
다양해진 도시락 메뉴	체중 증가(랜덤 발동)
체중 감소(랜덤 보상)	

살빠지
리또

HEINZ
YELLOW MUSTARD
정통아메리칸스타일
A COMMON CONDIMENT DONE UNCOMMONLY WELL

IMPROVED CUTTER BAR / BORD COUPANT
GLAD
Press'n Se

잠깐 레시피

설거지 안 하기 메뉴 1 살빠지리또

일주일 중 출근하는 날만큼 살빠지리또를 만드세요. 냉장고에 보관해 놨다가 출근할 때 하나씩 가져가면 되고, 설거지는 필요 없답니다.

재료(1회분)

□ 녹색 잎 생채소(양배추, 깻잎, 상추 등) 많이 □ 잘게 썬 양상추 50~100g
□ 삶은 달걀 1개 □ 소금간해서 익힌 닭 가슴살 1덩이
□ 슬라이스 치즈 1장 □ 포두부 1장 □ 팩 참치 30g
□ 머스터드소스 1큰술 □ 낫토 1팩(선택, 밀프렙에는 넣지 않음)

만드는 법

1 잘게 썬 양상추에 삶은 달걀 1개를 으깨서 섞는다(차퍼로 한 번에 으깨면 편하다).
2 ①에 머스터드소스를 넣고, 팩 참치는 기름을 따라내고 넣어 섞는다.
3 끓는 물에 포두부를 살짝 데친다.
4 도마 위에 랩을 깔고('글래드 매직랩'인 경우 끈끈하지 않은 면이 음식과 닿게 한다) 그 위에 데친 포두부와 생채소를 깐다.
5 ②의 재료를 ④ 위에 올린다.
6 닭 가슴살 또는 취향에 따라 낫토를 올리고 치즈도 올린다.
7 포두부로 재료들을 감싼다.
8 ⑦을 랩으로 2번 단단하게 싼다(186쪽 참고).
9 냉장 보관했다가 먹을 때 칼로 반을 자른다.

팁

낫토는 보관 기간이 짧으므로 밀프렙은 낫토를 빼고 만든다.
낫토 넣은 경우 2일간, 넣지 않은 경우 5일간 냉장 보관 가능하다(재료의 신선도에 따라 달라질 수 있음).

레시피 Q&A

☞ 포두부는 꼭 데쳐서 사용해야 하나요?
제품에 따라 다릅니다. 제품 포장지에 데쳐서 사용하라는 문구가 있으면 데쳐서 먹습니다.

☞ 포두부 냄새가 싫으면 어떡해요?
포두부를 데칠 때 끓는 물에 식초를 1큰술 정도 넣으면 특유의 향이 어느 정도 제거됩니다.

☞ 포두부는 어디서 사나요?
중국 식재료 상점에서 판매하고, 인터넷으로도 살 수 있습니다. 포두부는 크기가 다양하므로 반드시 브리또를 만들 수 있는 크기인지 확인하세요.

따블에그
샌드위치

잠깐 레시피

설거지 안 하기 메뉴 2 따블에그샌드위치

빵 먹는 다이어트를 원하는 사람들 모이세요! 살찌는 빵이 아니라 차전자피 빵을 사용해서 만들었어요. 차전자피 빵도 진짜 간단하게 만들 수 있으니 꼭 시도해 보세요.

재료(1회분)

□ 차전자피식빵(만드는 법 218쪽) 1장 □ 상추(다른 녹색 잎 생채소로 대체 가능) 2~3장 □ 양배추 50g 이상 □ 삶은 달걀 2개 □ 슬라이스 치즈 1장 □ 팩 참치 30g □ 머스터드소스 1큰술 □ 스리라차 소스 1큰술(선택)

만드는 법

1 양배추와 삶은 달걀을 적당히 입자가 있는 상태로 다진다(차퍼를 사용하면 편하다. 믹서는 너무 곱게 갈리므로 사용하지 않는다).

2 ①에 참치와 머스터드소스를 넣고 섞는다.

3 랩을 깔고 차전차피 빵 1/2조각을 놓은 뒤 상추, ②의 속재료, 삶은 달걀, 치즈를 순서대로 올린다.

4 남은 차전자피 빵 1/2조각에 스리라차 소스를 바른 뒤 ③ 위에 덮는다.

5 완성된 샌드위치를 랩으로 2번 단단하게 싸고(186쪽 참고) 반으로 잘라 먹는다.

팁

'글래드 매직 랩'을 사용하면 편하다. 끈끈하지 않은 면이 음식과 닿게 하고, 두 번째 쌀 때는 끈끈한 면을 안쪽으로 둔다.

2~3일간 냉장 보관 가능하다(재료의 신선도에 따라 달라질 수 있음).

랩으로 포장하는 방법

이 책에서 소개하는 샌드위치, 주먹밥 등은 랩으로 싸는 경우가 많습니다. 랩 중에서 '글래드 매직 랩'을 사용하면 포장하기가 좀 더 편합니다. 랩으로 포장하는 방법을 알려 드려요.

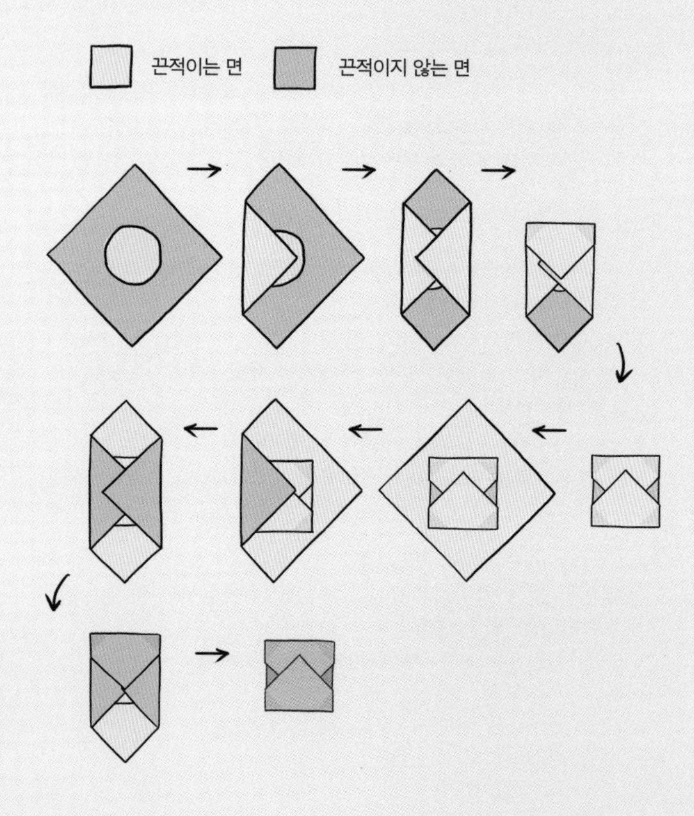

간식이 너무 먹고 싶다

제가 단기간에 23kg 넘게 살을 찌울 수 있었던 결정적인 비결(?)은 '간식'이 아니었을까 생각합니다. 특히 탄수화물과 지방이 들어 있는 간식으로 맥없이 쓰러지는 도미노 조각들처럼 빠르게 입맛을 장악당했죠. 아이스크림, 케이크, 마카롱, 초콜릿, 튀긴 과자 같은 것 말이에요!

당과 지방 중 하나만 들어 있는 음식은 사실 많이 먹기 어려워요. 하지만 당과 지방이 적절하게 배합된 음식은 입맛을 돌게 해서 많이 먹을 수 있습니다. 문제는 그런 음식이야말로 다이어트에 최악이라는 거죠. 적은 양으로도 순식간에 에너지를 과잉 섭취하게 되고, 혈당이 오르락내리락하면서 배고픔을 유발하면서 계속 당을 찾게 돼요.

건강에 좋다고 알려진 견과류도 사실 생각보다 당질과 지방이 많이 들어 있어요. 당질과 지방이 적절히 섞여 있어 아주 맛있죠. 하루에 아몬드 2~3알 정도는 괜찮지만 한 주먹 두 주먹 마구 먹지는 않는 게 좋습니다.

과일은 어떨까요? 다이어트에 익숙해져서 식욕 조절이 잘 되는 상태라면 소량의 과일을 먹는 건 문제가 되지 않아요. 대부분의 과일은 당질이 많아서 많이 먹으면 에너지를 과잉 섭취하게 되고 식욕을 자극할 수 있지만 무조건 제한하는 것보다는 용도에 맞게 먹으면 다이어트에 큰 지장을 주지 않을 수 있습니다. 과일에 들어 있는 비정제 탄수화물은 혈당을 느리게 올리고, 건강한 신체에 꼭 필요한 성분도 들어 있으니까요. 단 음식이 너무 당길 때는 초콜릿이나 과자보다는 과일이 훨씬 낫겠죠.

과일을 어느 정도 먹는 게 좋은지는 체질에 따라 다릅니다. 조금씩 먹어 보면서 몸의 반응을 살펴보세요. 과일의 단맛을 보고 난 뒤에 식욕 조절이 어려워지는 게 느껴지면 양이나 횟수를 줄여야 합니다. 앞서 설명했지만 절대 갈아서 주스로 마시지 않고 생으로 먹어야 하고요. 그럼 이제 과일별로 어떻게 먹으면 좋을지 알려 드릴게요. 과일의 생산 방식과 품종에 따라 영양 성분 구성이 다르니 참고만 해 주세요.

아보카도

아보카도는 100g당 당질이 2g 정도밖에 들어 있지 않습니다. 지방 함량이 많은 과일이라 저당질 식단에 식사 대용으로도 적합합니다.

토마토

토마토는 100g당 당질이 2~4g이고 지방, 단백질 함량도 낮아서 식사 대용보다는 다른 식사와 곁들여 먹는 게 좋고, 간식으로도 좋습니다. 방울토마토도 마찬가지입니다. 하지만 뭐든지 과하면 좋지 않으니 적당히 먹는 게 좋겠죠.

딸기

딸기는 100g당 당질이 5~6g이고, 토마토보다는 당질이 조금 높지만 지방, 단백질 함량이 낮아서 식사량만 조금 줄이면 문제없이 먹을 수 있습니다. 하루에 작은 크기 기준으로 8개 정도가 좋습니다.

수박

수박 100g에는 당도에 따라 7~11g의 당질이 있는데, 식후에 세모 모양으로 자른 한 조각 정도라면 간식으로 적당합니다. 지방 식사량을 조절해서 먹으면 더 좋습니다.

복숭아

복숭아는 100g당 당질이 8g 정도입니다. 복숭아 100g이면 작은 것은 1개 정도, 큰 것은 1/2개 정도입니다. 큰 것으로 1개면 거의 당질 12~14g까지 먹는 거니까 주의하세요.

먹는 양을 조절한다면 특별히 피해야 하는 과일은 없습니다. 하지만 식욕 조절이 잘 안 되고 저탄수화물 식단을 유지하고 싶다면, 당연히 당질이 높은 과일은 피하는 게 좋아요. 바나나, 포도, 감, 망고, 파인애플, 귤, 오렌지, 용과, 무화과, 키위, 배 등 열대과일류가 당질이 꽤 높습니다. 그리고 이 과일들은 당 중에서도 과당보다는 포도당과 설탕의 비율이 높으니 좀 더 주의가 필요합니다.

다이어트 중에 그나마 추천하는 간식이 과일이다 보니 과일 이야기가 길었네요. 사실 간식이라면 과일과 같은 자연 음식도 좋지만 자고로 바삭바삭하고 달콤짭짤한 맛도 필요한 법이죠. 226쪽에 있는 카나페 레시피를 참고하세요!

다이어트의 일탈, 치팅데이 활용법

다이어트에 적합한 외식 메뉴를 먹다 보면 한두 번은 만족스럽겠지만 또다시 현타가 밀려올 수 있습니다. 친구를 만날 때만큼은 마음껏 먹고 싶은데, 언제까지 먹고 싶은 음식을 제한하며 살 순 없잖아요! 꼭 누굴 만나지 않더라도 늘 다이어트 식단으로만 먹다 보면 질리고 물리죠. 아무리 맛있고 배부른 다이어트를 한다 해도 진짜 먹고 싶은 음식은 따로 있기 마련입니다.

가끔은 치킨, 라면, 피자도 먹고 싶잖아요. 저도 그럴 때는 그냥 먹고 싶은 음식을 먹었어요. 대신 몇 가지 규칙은 정해 놓고 먹었는데, 이를 간단하게 '치팅데이 규칙'이라고 부르겠습니다.

다행히 우리에겐 치팅데이를 합리화할 만한 이유가 있어요. 식단을 아무리 철저하게 지킨다 해도 우리 몸은 체중이 빠지면 비상사태로 인식하기 때문에 체중이 빠지지 않도록 애를 씁니다. 그래서 같은 종류의 음식을 계속 먹다 보면 기초 대사량을 낮춰서라도 그 식단에 적응하고 감량을 멈추려 들죠. 그래서 충분한 에너지를 공급해 잠시 우리 몸을 속이기 위해 치팅데이를 갖는 겁니다!

그래서 어쩔 수 없이(?) 저는 일주일에 딱 한 끼는 치팅데이 메뉴로 먹습니다. 정말 먹고 싶었던 당질 음식을 먹거나 회식이나 모임을 치팅데이로 잡는 거죠. 명절에 집안 어른들 앞에서 복스럽게 먹는 분위기를 연출할 때도 활용합니다. 단기로 다녀오는 여행에서도 치팅데이 규칙을 활용해 마음껏 즐기고 와도 좋고요.

지금부터 치팅데이 규칙을 알려 드리겠습니다. 이 규칙도 '관리'라는 것을 꼭 기억하세요.

1일 1식 하기

장기적인 1일 1식은 권하지 않습니다. 흔히 23:1 간헐적 단식(23시간 단식)이라고도 부르는데, 체질에 따라 몸에 무리가 올 수도 있습니다. 다만 평소에 1일 1식을 유지하는 것이 아니라, 일주일에 한 번 치팅데이에 이 방법을 사용하면 아주 만족스러운 식사를 할 수 있답니다.

치팅데이에는 치킨, 파스타, 짜장면, 떡볶이 등 고탄수화물, 고지방 식사를 하는 대신 단 한 끼만 먹는 것이죠. 애써 감량한 몸무게를 이런 음식을 먹으며 하루 즐겼다고 다시 2~3kg이 쪄 버리면 억울하잖아요. 이런 음식들을 소량만 먹을 자신이 있다면 1일 1식까지 할 필요는 없어요. 하지만 모임 분위기가 좋고 재미있으면 자신도 모르게, 또는 주변 사람들이 권해서 음식을 평소보다 많이 먹게 됩니다. 그 후로는 제 자제력을 시험하지 않습니다. 그냥 즐기기 위해 모임이 있는 날 하루는 1일 1식을 했어요. 당연히 모임에서 먹는 1시간 이내의 '식사' 외 간식이나 과일 등은 추가 인슐린 자극을 피하기 위해 모두 제한했고요.

1일 1식에 실패했다면?

계획된 치팅데이가 아니라 충동적이거나 갑자기 생긴 약속으로 인한 치팅데이도 대처 가능합니다. 예를 들어 이미 점심 식사를 했는데 저녁에 급하게 일정이 잡혔다거나, 가족이 갑자기 치킨을 사 왔다거나 하는 경우죠. 갑작스럽게 치팅데이가 되어버렸다면 앞서 소개한 외식 메뉴(174쪽 참고)를 활용해 치팅데이인 듯 치팅데이 아닌 다이어트 식단을 활용하기도 했고, 메뉴를 선택할 권한이 없을 때는 일단 자리를 마음껏 즐기고 관리는 다음 날로 미뤘습니다. 치팅데이 다음 날 24시간 단식을 통해서 말이죠. 단, 너무 오래 단식하면 음식에 대한 갈망이 다시 생겨요. 그래서 저는 24시간 단식까지만 해요. 이 24시간 단식 방법은 뒤에서 자세히 다루겠습니다.

치팅데이에도 술과 음료수는 안 돼요

어떤 경우에도 술과 음료수는 반드시 피하는 게 좋습니다. 앞에서 충분히 설명했으니 자세한 설명은 생략할게요. 술과 음료수는 잉여 영양분을 지방으로 축적할 뿐만 아니라 식욕 조절을 매우 어렵게 만들어 폭식으로 이어질 가능성이 높습니다.

1일 1식이나 다음 날 24시간 단식 방법은 간헐적 단식 초보자가 하기에는 매우 버겁고 어려울 수 있어요. 그래서 다이어트를 시작한 지 얼마 안 되었거나 식욕 조절이 원활하지 않을 때는 치팅데이가 폭식으로 이어질 수 있으니 주의가 필요합니다. 적어도 간헐적 단식이 익숙해진 다음에 시도하는 것이 좋아요. 현명한 방법으로 다이어트 중에도 음식과 모임을 즐기길 바랍니다!

당황스러운 생리 변화

여성이라면 생리에 변화가 생겼을 때 건강 상태를 의심합니다. 생리 주기나 생리량에 갑작스러운 변화가 생기면 몸에 무슨 일이 생겼는지 노심초사하며 병원에 가 보죠. 여성에게는 매우 예민하고 중요한 문제니까요. 다이어트를 하다 보면 생리에 변화가 생기는 경우가 있어 저도 관련된 질문을 종종 받곤 합니다.

저는 첫 생리 이후 지금까지 단 한 번도 규칙적인 적이 없었습니다. 두세 달을 건너뛸 때도 있고 한 달에 두 번 하기도 하고요. 그래서 20대 초반에는 병원에 자주 갔는데, 늘 이상이 없다는 말을 듣다 보니 비용만 내는 것이 허탈해져서 이제 그냥 자연스럽게 불규칙함에 무뎌졌어요. 그러다 결혼을 하고

23kg이 찐 뒤 무월경이 왔는데, 얼마나 무뎌졌으면 무월경도 6개월 후에 알았답니다.

21kg 감량에 성공한 지금은 어떠냐고요? 체중이 불기 전 상태로 돌아갔을까요 아니면 더 불규칙해졌을까요? 체질마다 다이어트 후 몸의 반응이 다 다르겠지만, 저는 저탄수화물 식단이 잘 맞았는지 조금 좋아졌어요. 두 달에 한 번, 세 달에 한 번, 매우 불규칙한 생리를 했던 과거에 비해 한 달 10~20일 사이로 이전보다 조금 더 예측 가능한 '주기'라는 것이 생겼습니다. 참 다행이죠!

저의 사례는 그렇지만, 여성의 몸은 과학적으로 모든 것이 밝혀지지는 않았습니다. 어떤 변수가 있을지 모르기 때문에 다른 사람의 사례와 비교하면서 자가진단을 하는 것이 실질적인 도움이 될지는 잘 모르겠습니다. 저도 매번 병원을 방문하는 게 힘들어서 의사에게 전화 상담을 받은 적이 있는데, 그때마다 의사들의 대답은 한결같았어요. 통화로는 정확한 진단이 어려우니 꼭 내원해서 검사를 받으라고요. 전문가조차도 검사 없이는 진단을 내리기 힘든데, 다른 사람의 사례만 보고 자신의 건강 상태를 어떻게 체크할 수 있을까요. 자신을 아끼고 사랑하는 관리의 연장선으로, 예민하고 중요한 문제일수록 자가 진단을 하기보다는 꼭 전문의와 상의해 보았으면 좋겠습니다.

다이어트를 할 때 생리 때문에 번거로운 점이 하나 또 있죠. 생리 전에 식욕이 왕성해지고 단 음식이 당기는 건데, 호르몬 변화 때문이라 본능적인 욕구를 거스르기가 쉽지 않습니다. 저는 그래서 저당질 초콜릿을 직접 만들어 먹습니다. 이럴 때마다 대처하려고 레시피를 만들어 두었죠!

제가 소개할 초콜릿은 강한 단맛 대신 은은한 단맛이 나고, 씹을수록 고소한 풍미가 느껴지며, 식이섬유를 더해 생리 전 부작용의 단골손님인 변비까지 물리쳐 줍니다. 식욕타파 변비타파초콜릿 만드는 방법을 소개합니다.

TRA VIRGIN
OCONUT OIL
100% Nuts
Crunchy peanut butter
and coconut
변비타파
초콜릿

호르몬 통제 메뉴 변비타파초콜릿

변비에 좋은 식이섬유와 유산균을 함께 섭취할 수 있는 초콜릿입니다. 효과는 개인 차가 있어요. 그리고 당질이 조금 포함되어 있으므로 너무 많이 먹으면 한 끼 먹은 걸로 치기!

재료(7회분)

□ 코코넛 오일 30g □ 버터 15g □ 아마씨 가루 10g
□ 코코아 가루 10g(코팅용까지 여유 있게 준비)
□ 땅콩버터(땅콩 100%인 것) 20g □ 코코넛 가루 5g □ 크림치즈 50g

만드는 법

1 버터와 코코넛 오일을 전자레인지에서 15~30초 돌려 녹인다. 미지근하게 액체 상태가 될 정도면 된다.
2 ①에 땅콩버터를 넣고 섞는다.
3 ②에 아마씨 가루, 코코넛 가루, 코코아 가루를 넣고 잘 풀어질 때까지 섞는다.
4 ③에 크림치즈를 넣고 섞는다.
5 비닐봉지에 ④를 담아서 냉동실에서 30분 이상 얼린다.
6 다른 비닐봉지에 코코아 가루 1작은술을 넣고, 얼린 초콜릿을 가위로 잘게 잘라 넣는다.
7 봉지를 잘 잡고 흔들어서 코코아 가루를 코팅한다.

팁

하루에 20g만 먹는다.
1주간 냉동 보관 가능하다.

급찐급빠
긴급 다이어트

다이어터의 주변엔 항상 유혹이 따라오죠. 고깃집 앞을 걷다가 무심코 들이마신 향긋한 냄새에 침샘이 폭발한다거나, 카페에서 아메리카노를 마시고 있는데 옆 테이블에서 초코케이크를 먹고 있다거나, 영화관에서 좌우 양옆에 앉은 사람이 모두 팝콘을 와작와작 먹고 있다거나, 퇴근했는데 가족이 치킨을 시켜 놨다거나. 다이어터의 적은 다이어터가 아닌 모든 사람입니다.

사람 만나는 자리에는 늘 음식이 있잖아요. 상사의 등쌀에 떠밀려 회식을 참석해야 할 수도 있고요. 명절도 있어요. 저의 지나친 고정관념 탓인지 시댁 어른들 앞에서는 복스럽게 먹어야 할 것만 같아 평소보다 훨씬 많은 양을 먹곤 합니다(감사하게도 저희 시댁에서는 다이어트를 매우 존중해 주셔서 괜한 걱정이긴 하지만요).

다이어트를 하면 '어쩔 수 없는 경우'가 참 많습니다. 세상 일은 꼭 내 맘대로 되지 않잖아요? 자의든 타의든 식단을 지키지 못하고 과식이나 폭식을 해 버렸을 때, 그날 먹은 음식이 다 살로 가지 않을까 걱정이 앞섭니다.

독하게 마음먹고 식욕 조절을 꽤 잘한다고 생각하는 저도 실은 유혹에 잘 무너져요. 철벽 수비를 하다가도 계속되는 주변의 권유에 어쩌다가 속세의 음식을 한번 맛보면, 머릿속에 맛의 파도가 휘몰아치고는 "그래! 이 맛이야!"를 외치게 됩니다. 이렇게 철벽이 와르르 무너져 내리면 "다이어트는 내일부터!"를 외쳐 버리죠. 하루 이틀의 일탈로 갑자기 1~3kg까지 몸무게가 늘어 버리기도 해요. 속상한 일이지만 그렇다고 포기할 필요는 없습니다. 다행히도 우리에게는 두 번째 기회가 있습니다. 급하게 늘어난 체중을 원래 체중으로 돌리는 방법이 있어요.

우리 몸에서 에너지는 지방뿐만 아니라 '글리코겐' 형태로도 저장됩니다. 잉여 영양분을 간과 근육에 글리코겐 형태로 많은 양의 수분과 함께 저장하면 일시적으로 몸무게가 증가합니다. 즉, 폭식이나 과식을 했다 하더라도 아직 기회가 있다는 뜻이며, 잠시 수분 때문에 부은 것이라고 볼 수 있죠. 글리코겐을 소비하면 급하게 증가한 체중을 빠르게 원상 복귀시킬 수 있어요. 주의해야 할 점은, 글리코겐을 소비하지 못한 상태로 1~2주 정도 시간이 지나면 진짜 지방으로 축적된다는 것입니다. 같은 1kg을 감량하더라도 글리코겐과 수분을 감량할 때보다 지방을 감량하는 것이 7배 이상 힘들다고 하니 진짜 지방으로 변하기 전에 단기간에 소비해야겠죠.

글리코겐은 어떻게 소비해야 할까요? 과도한 영양분이 들어왔으니 이 영양분을 충분히 사용해야 합니다. 고강도 운동을 하거나 단식을 하는 방법이 있고, 두 가지를 모두 병행하는 방법이 있어요. 그중에서도 가장 빠르게 글리코겐을 소모하는 방법은 두 가지를 병행하는 것인데, 저는 고강도 운동을 하기 힘든 관절 때문에 주로 24시간 단식을 합니다.

혹시 방금, '그럼 맨날 폭식하고 이 방법을 쓰면 되겠네!' 하고 생각하셨나요? 안 돼요! 폭식은 당연히 다이어트에도 건강에도 좋지 않습니다. 이 방법을 너무 자주 쓰면 몸에 무리가 올 수 있어요. 정말 어쩌다 한 번 심하게 먹었을 때만 사용하는 방법이에요. 특히 24시간 단식을 한 뒤에 보상 심리가 생겨 곧바로 폭식을 또 할 수 있으니 조심해야 합니다.

저는 24시간 단식만으로도 급찐급빠(급하게 찐 살 급하게 빠지는 것)에 충분한 효과를 보았습니다. 심지어 단식 전보다 더 감량된 경우도 많았어요. 하지만 체질에 따라, 얼마나 과식했느냐에 따라 효과가 달라질 수 있습니다. 사실 폭식을 안 하는 게 가장 좋겠죠.

단식할 때는 주의할 점이 있습니다. 단식하는 동안 물과 소금 외에는 아무것도 먹지 않는 게 좋습니다. 차는 물을 대신할 수 없으니 반드시 물로만 수분을 채워 주세요. 영양제도 종류에 따라 인슐린을 자극하는 성분이 포함되어 있을 수 있습니다. 그리고 단식 도중에 컨디션이 너무 떨어지거나 이상 증상이 느껴진다면 바로 중단하세요.

체중이 멈췄어요, 정체기!

한창 감량 중이던 맛불리. 다이어트 음식을 수없이 연구하고 열심히 시식하고 테스트해 보아도 살이 잘 빠지던 어느 날, 갑자기 감량이 멈춰 버렸습니다. 하루하루 살 빠지는 게 눈에 보여 행복했던 전성기는 끝난 걸까요? 갑자기 열흘 동안 정지된 몸무게에 멘탈이 바사삭.

사실 저는 21kg을 감량하는 동안 정체기가 여러 번 있었어요. 첫 번째는 57.8kg일 때 7일, 두 번째는 56.5kg일 때 9일, 마지막은 51.7kg일 때 무려 10일 동안 정체기를 겪었습니다. 열심히 내려가던 체중이 왜 갑자기 멈춰 버린 걸까요? 저는 두 가지 이유를 생각했습니다.

다이어트 의지가 약해졌다

살이 어느 정도 빠지기 시작하면 '이 정도만 해도 되겠지' 하며 점점 나태해지기 마련입니다. 왜냐면 조금 덜 철저하게 해도 빠졌으니까요! 아마 식단 외에도 간식이나 과일을 먹거나 가끔 정제 탄수화물이 많은 음식을 먹어도 감량에 큰 지장이 없었을 거예요. 그래서 심리적으로 '이 정도는 괜찮아' 하는 기준이 생겼을 텐데요, 이 기준은 자기도 모르는 사이에 점점 관대해집니다.

살이 빠질수록 식단에 더 엄격해져야 하는데 처음처럼 하지 못하는 거죠. 이것는 '가짜 정체기'입니다. 이럴 때는 먹는 것을 모두 기록하는 식단 일기를 써 보세요. 작은 것 하나를 먹을 때도 빠짐없이 기록하다 보면 가짜 정체기는 빠르게 지나갑니다.

빠질 만큼 빠졌다

일단 '진짜 정체기'가 오신 분들! 축하드려요! 정체기는 아무나 겪는 게 아닙니다. 더는 감량이 안 될 수준까지 감량을 했다는 증거니까요. 춤을 열심히 연습하면 잘 추게 되고, 피아노를 열심히 연습하면 잘 치게 되는 것처럼 다이어트도 지속적으로 하면 몸이 적응을 합니다. 체중이 감소해서 몸 상태가 바뀌면 그 몸을 유지할 때 필요한 에너지의 양도 바뀌죠. 전보다 적게 먹지 않으면 몸은 이미 적응한 무게를 유지하려고 애씁니다. 몸이 체중 감량을 비상사태로 받아들여서 저장한 지방을 더는 잃지 않으려고 하는 거예요.

하지만 이러한 몸의 적응을 깨는 방법이 있습니다. 바로 제가 정체기 때마다 활용해 모두 성공한 방법인데요, 체중을 일시적으로 늘렸다가 다시 감량하는 방법입니다. 비상사태로 인식한 몸을 잠시 안심시키며 속이는 거예요. 체중을 잠시 늘리면 몸은 이제 충분한 칼로리가 들어왔다고 생각해 앞으로도 충분한 음식이 들어올 거란 믿음으로 비상사태를 해제합니다. 저는 이 점을 이용해서 정체기가 올 때마다 맛있는 음식을 실컷 먹고 단식을 했습니다. 구체적인 방법을 알려 드릴게요.

❶ 치팅데이보다 더 신나게 과식하기

평소에는 과식과 폭식은 금물이지만 정체기를 탈출할 때만큼은 피자, 떡볶이, 치킨, 햄버거 등 그동안 못 먹었던 음식을 마음껏 먹습니다. 저는 점심에 짜장면, 탄탄멘, 멘보샤를 남편몬이랑 나눠 먹고, 저녁에는 점심보단 훨씬 가벼운 낙지탕탕이랑 육회를 8시까지 배터지게 먹었어요. 그렇다고 달달한 디저트까지 즐기진 않았습니다. 이미 충분히 과식한 데다가 단맛은 입맛을 정말 많이 자극하기 때문에 단식할 때 불리해지기 때문이에요.

❷ 40시간 단식 시작하기

마지막 식사를 저녁 8시 전에 마치고 바로 단식에 들어갑니다. 물과 소금 외에는 아무것도 먹지 않습니다. 자는 시간을 포함해서 총 40시간을 단식하면, 다음 날은 하루 전체를 단식하고 그다음 날 점심에 식사를 하게 돼요. 신나게 과식할 때는 축제 같았지만 그 뒤의 단식은 매우 가혹하게 느껴집니다.

❸ 다이어트 식단을 2배로 섭취한 뒤 23시간 단식하기

40시간 단식에 성공하면 이제 식사를 할 수 있습니다. 하지만 이날도 평소 식단으로 돌아오는 게 아니고 점심만 먹었어요. 아무 음식이나 먹는 게 아니고 다이어트할 때 먹었던 음식 종류를 먹되, 충분한 음식을 섭취했다는 안도감(?)을 몸에게 주기 위해 1.5~2배 정도 먹었습니다. 단식 시간을 최대한 늘리기 위해 점심 2시간 사이에 모든 식사를 마칩니다. 한마디로 평소에 두 끼 정도를 먹었다면 1~2시간 사이에 두 끼 식사를 몰아서 먹는 거예요. 그리고 다시 23시간 단식을 시작합니다. 저는 이 과정을 마쳤더니 정체기 몸무게보다 약 1kg이 감량되었습니다.

❹ 다시 원래 식단으로 돌아가기

단식으로 일시적인 효과를 본 게 아닌가 생각할 수도 있습니다. 저도 이 점이 가장 궁금했기 때문에 이때부터 다시 원래의 다이어트 식단대로 먹어 보았습니다. 양을 줄이지 않고 평소 감량되던 식단으로요. 다행히 이후에도 감량이 잘되었고, 현재 21kg 감량까지 무사히 도달했습니다.

이 방법은 유튜브 〈맛불리TV〉에 진짜 정체기 탈출에 도움이 되는지 실험하는 영상으로 남아 있으며, 이 방법을 따라 한 많은 분이 성공 후기를 댓글로 남겨 주었답니다. 단식 시간이 가혹할 만큼 길긴 하지만 저에겐 만족도가 정말 높은 방법입니다.

단, 이 방법에도 반드시 주의할 점이 있습니다. 첫째, 단식하는 동안 수분과 소량의 염분 보충은 필수입니다. 둘째, 단식할 때의 컨디션이나 체질에 따라 몸에 무리를 느낄 수 있습니다. 이상 증상이 나타나면 즉시 단식을 중단하세요. 마지막으로, 이 방법은 식단으로 감량하는 저의 경험을 공유한 것일 뿐 절대적인 공식은 아닙니다. 만약 운동만으로 다이어트를 하는 경우라면, 정체기 때 식단을 병행하는 것만으로 효과를 볼 수도 있습니다.

맛불리 5개월의 변화

이쯤에서 맛불리의 5개월간 변화 모습을 한번 볼까요? 다이어트를 시작하는 날부터 정기적으로 자신의 사진을 찍어 보세요. 변화된 모습이 눈에 보이면 의지가 팍팍 살아나요!

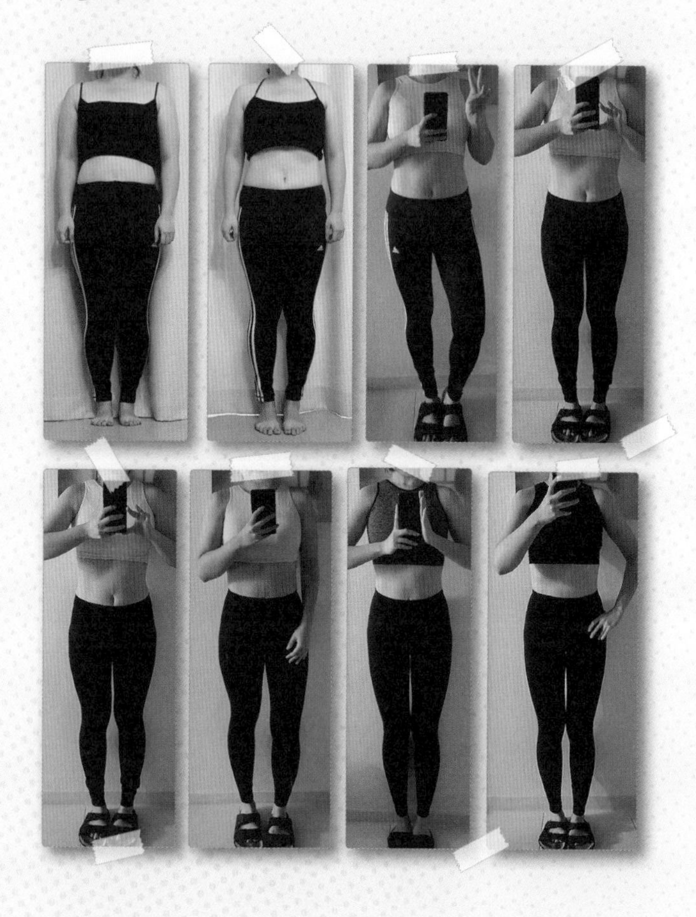

PART 3

•

모든 식욕을 막아 준다! 본격 맛불리 레시피

다이어트 마요네즈
맛불러 생생 리뷰
나** / 그렇습니다. 우린 이제 '참치마요김밥'을 먹을 수 있는 겁니다, 여러분!
eight ** / 진짜 우리 언니 누가 상 좀 줘라. 다이어트 중에 마요네즈가 웬 말입니까!

다이어트마요네즈 5종

시중에서 파는 마요네즈는 대부분 설탕이 어마어마하게 들어 있어요. 설탕을 넣지 않는 것은 물론 탄수화물도 거의 들어 있지 않은 재료로 다이어트 마요네즈를 만들어 보아요. 아무리 맛있어도 한 끼에 2큰술만!

재료

- 달걀노른자 2개
- 레몬즙 1~2큰술
- 식초 1~2큰술
- 머스터드소스 1/2작은술
- 아보카도 오일(또는 올리브 오일) 150g
- 고운 소금·후추 취향껏

기본 마요네즈 만드는 법

1 달걀노른자를 볼에 넣고 핸드블렌더로 풀어 준다.
2 ①에 레몬즙, 식초를 넣고 섞은 다음, 머스터드소스를 넣고 또 섞는다.
3 ②에 오일을 천천히 조금씩 넣으면서 섞는다.
4 고운 소금과 후추는 마지막에 취향껏 넣고 섞는다.

응용 마요네즈 만드는 법

명란마요네즈 마요네즈와 명란젓을 3:1 비율로 섞는다.
고추냉이마요네즈 마요네즈와 고추냉이를 3:1 비율로 섞는다.
갈릭마요네즈 마요네즈 1큰술과 다진 마늘 1작은술을 섞는다.
스리라차마요네즈 마요네즈와 스리라차 소스를 3:1 비율로 섞는다.

팁

믹서를 사용해 너무 강하게 섞으면 노른자가 분리될 수 있다.
핸드블렌더 대신 미니 전동 거품기를 사용해도 된다.
밀폐용기에 넣어 2주간 냉장 보관 가능하다.

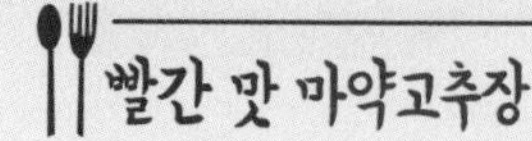

빨간 맛 마약고추장

시판 고추장은 물엿과 곡물 가루가 들어가는 당질 덩어리입니다. 하지만 한국인이라면 고추장 맛을 잊고 살기 힘들죠. 그래서 준비했습니다. 살 빼는 고추장!

재료

□ 토마토 퓌레 1컵 □ 까나리 액젓(또는 멸치 액젓) 1/4컵 □ 아보카도 1개
□ 고춧가루 1컵 □ 마늘 5톨 □ 소주 소주잔으로 1/2잔

만드는 법

1 뚜껑 있는 유리병을 소독한다(물이 끓기 전부터 병과 뚜껑을 함께 넣은 뒤 약불에 5분 끓인 후 자연 건조).
2 아보카도와 마늘을 핸드블렌더나 믹서로 섞는다.
3 ②에 고춧가루를 넣고 섞은 다음, 토마토 퓌레를 넣고 또 섞는다.
4 완성된 고추장을 ①의 유리병에 넣은 뒤 곰팡이 방지용으로 소주를 넣고 숟가락으로 섞는다.

팁

일반 고추장 3큰술에 해당하는 당질이 들어 있다.
한 끼에 1~2큰술 이내로 먹는다.
20일 정도 냉장 보관 가능하다.

맛불러 생생 리뷰

정** / 꼭 해 드세요. 진짜로! 참기름이나 들기름에 비벼 먹으면 정말 고추장이랑 똑같습니다! 운동 하나도 안 하고 3주째 6.2kg 감량했어요.
민* / 맛있을까 의심한 저를 반성합니다. 이거 먹고 일반 고추장은 너무 달아서 못 먹겠어요!

활용도 최고 마약볶음고추장

누가 다이어트 식단 만들기 귀찮다 했나! 만들어 두면 채소랑 비벼 먹기만 하면 되는 마약 '볶음' 고추장을 소개합니다. 마약고추장을 활용해서 쉽게 만들 수 있어요.

재료

□ 마약고추장(만드는 법 216쪽) 3~4큰술 □ 버터 또는 코코넛 오일 1/2큰술
□ 대파 30g □ 마늘 3톨(다져서 사용) □ 새송이버섯 1/2~1개 □ 고추 1개(선택)
□ 파프리카 1/2개(선택) □ 다진 고기(돼지고기, 소고기, 닭 가슴살 중 선택) 200g

만드는 법

1 프라이팬을 달군 뒤 버터나 코코넛 오일을 둘러 팬의 표면을 코팅한다.
2 ①에 대파와 다진 마늘을 넣고 먼저 볶다가 새송이버섯, 고추, 파프리카를 넣고 볶는다.
3 ②에 다진 고기를 넣고 붉은색이 없어질 때까지 볶는다.
4 ③에 마약고추장을 넣고 볶는다. 고기에 양념이 잘 배도록 물을 조금씩 넣어가며 볶으면서 5분 정도 졸인다.

팁

한 끼에 1~2큰술 이내로 먹는다.
1주간 냉장 보관 가능하다(재료의 신선도에 따라 달라질 수 있음).

맛불러 생생 리뷰

허** / 어제 만들어 오늘 먹었는데 진짜 고추장 맛이에요! 저는 돼지고기로 하고 애호박도 넣었어요. 버섯은 넣는 게 맛있어요.
yun* / 이거 정말 맛나네요. 돼지고기 짜글이에 밥 비벼 먹는 맛이에요.

식이섬유 착착 차전자피식빵

당질을 최소화하고 식이섬유는 가득한 식빵을 만들어 보겠습니다. 완성된 모양을 보고 당황하지 마세요. 샌드위치 만들면 빵 맛 나요! 크흡.

재료(1회분)

□ 차전자피 가루 10g □ 아마씨 가루 10g □ 베이킹파우더 1g □ 달걀 1개
□ 물 30ml □ 식초 1큰술(차전자피 향을 완화시키는 용도, 선택) □ 계핏가루 2g(선택)

만드는 법

1 식빵 크기의 전자레인지용 용기에 아마씨 가루, 베이킹파우더, 계핏가루, 달걀, 식초를 넣고 포크로 섞는다.
2 ①에 차전자피 가루를 넣고 섞는다. 너무 오래 섞으면 뭉칠 수 있으니 묽은 느낌이 없어질 정도로만 휘리릭 섞는다.
3 ②의 용기를 바닥에 툭툭 쳐서 반죽 안의 공기를 뺀 다음 전자레인지에 넣고 3분 동안 돌린다.

팁

자꾸 실패한다면 물의 양을 조절해 본다.
차전자피 가루는 입자가 크고 거친 것으로 선택한다.
3~5일간 냉장 보관 가능하다(재료의 신선도에 따라 달라질 수 있음).

맛불러 생생 리뷰

kim** / 와 이거 진짜 너무 맛있네요. 샌드위치로 만들어 먹으니 진짜 빵 맛이에요!
나** / 만들 때 바질 넣어도 향이 나고 맛있어요. 용기는 15×10cm 크기에 만드는 게 제일 성공적이었어요.

단백질 빵빵 단백질식빵

차전자피 향을 싫어하는 사람들을 위해 준비했습니다. 단백질 가득 넣은 저당질 빵으로, 역시 숟가락으로 대충 휘휘 섞어 틀에 부으면 간단하게 끝!

재료(2~3회분)

□ 단백질 파우더 30g(2스쿱, 무가미, 무향) □ 달걀 2개 □ 베이킹파우더 3g
□ 아마씨 가루 4큰술(선택) □ 아몬드 가루 5큰술 □ 물 50g
□ 식초·레몬즙 취향껏(선택)
□ 코코넛 오일 1큰술(빵틀 표면에 바를 양까지 여유 있게 준비)

만드는 법

1 큰 볼에 단백질 파우더, 아마씨 가루, 아몬드 가루, 베이킹파우더를 넣고 포크로 섞는다.
2 ①에 달걀, 물, 코코넛 오일을 순서대로 넣고 섞기를 반복한다.
3 오븐용 빵틀 안쪽에 코코넛 오일을 바른 뒤 완성된 반죽을 붓는다. 에어프라이어에 넣고 180℃에서 30분 동안 굽는다.

팁

완성된 빵은 밀도가 높으므로 최대한 얇게 썰어서 먹는다.
차전자피 향이 괜찮다면, 아마씨 가루와 아몬드 가루 대신 차전자피 가루 4큰술과 아몬드 가루 3큰술을 넣어도 된다.
가능한 한 만든 즉시 먹는다. 보관할 경우 냉동 보관한다.

맛불러 생생 리뷰

cal** / 오븐에 구웠더니 조금 폭신하게 만들어졌어요. 달걀 냄새가 싫으면 레몬즙이나 오레가노 같은 허브를 넣으면 좋을 것 같아요. 통밀 빵 느낌도 나고 맛있습니다.

버거위치

맛불러 생생 리뷰

kay** / 이거 진짜 빵 맛 가득함. 너무 좋아요.

독** / 맛불리님 영상 보며 다이어트하고 있는데, 6일 차에 6.1kg 빠졌습니다. 가자, 해수욕장!

욕심 가득 버거위치

재료를 욕심껏 가득 넣어서 광고에 나오는 햄버거처럼 크게 만들어 봤습니다. 이거 먹고 배부르지 않은 사람 없을걸요! 새우나 낫토는 취향에 따라 빼도 되지만 소화 흡수 에너지 소모를 위해서 생채소는 꼭 많이 많이 넣어 주세요.

재료(1~2회분)

- □ 단백질식빵 2장 □ 달걀 프라이 1개 □ 토마토 퓌레 1큰술
- □ 칵테일 새우 큰 것 4개(선택) □ 고기패티 1장(만드는 법 168쪽)
- □ 슬라이스 치즈 1~2장 □ 머스터드소스 또는 스리라차 소스 □ 낫토 1팩(선택)
- □ 상추 5장 이상

만드는 법

1 단백질식빵을 종이 포일 위에 놓고, 한쪽 면에 토마토 퓌레를 바른 뒤 상추와 달걀 프라이를 올린다.
2 익힌 칵테일 새우, 치즈, 고기 패티를 순서대로 올리고 머스터드소스를 바른다.
3 취향에 따라 낫토와 치즈 1장을 더 올린 뒤 상추를 올린다.
4 마지막으로 식빵을 올리고 종이 포일과 랩으로 잘 싼 다음 칼로 반을 잘라서 먹는다.

팁

포만감을 위해 상추를 많이 넣으면 좋다.
보관하지 않고 만든 즉시 먹는다.

맛불러 생생 리뷰

꾜** / 흰밥이랑 라면은 진짜 못 끊을 것 같았는데, 이런 레시피를 올려 주시다니 진짜 감사합니다.

ㅇ** / 진짜 그냥 밥맛이네요. 신기해요. 그런데 식초로 너무 오래 데치면 밥에서 식초 냄새가 나요. 다음에는 냄새 잘 빼고 지어야겠어요.

진짜 살 빠지는 진짜곤약밥

시중에서 파는 건조 곤약쌀 중에는 곤약 함량이 낮고 타피오카 전분 등 탄수화물이 섞인 제품이 많아요. 제품 뒷면의 원재료 함량을 꼭 확인하세요. 저처럼 원재료 보고 놀라신 분들을 위해 준비했어요. 진짜 곤약과 약간의 쌀로 밥 짓는 방법!

재료(5~7회분)

□ 곤약묵(습식 곤약) 600g □ 쌀 150g □ 식초 1큰술

만드는 법

1 곤약을 차퍼나 핸드블렌더, 믹서 등을 사용해 잘게 간다(가는 과정을 생략하려면 '알곤약'을 사용한다).
2 ①을 체에 밭쳐 흐르는 물에 씻는다.
3 끓는 물에 식초를 넣고 ②의 곤약을 넣어 1분 정도 데친 뒤, 다시 체에 밭쳐 물기를 대충 뺀다.
4 전기밥솥에 씻은 쌀과 ③의 곤약을 넣고 물은 살짝 보일 정도로만 조금 넣는다.
5 '백미 쾌속'(20분)을 눌러 밥을 짓는다.

팁

쌀은 백미만 사용해도 되고 현미를 원하는 만큼 섞어도 된다.
밀폐용기에 넣어 3~4일간 냉장 보관 가능하다.

곤약
초밥
맛블리 생생 리뷰
짜** / 맛블리 언니가 만든 음식들 따라 해 먹고 일주일 만에 4kg 빠졌어요.
Po** / 곤약을 활용하는 아이디어가 진짜 좋은 것 같아요. 곤약으로 초밥이라니

초밥왕 저리 가라 곤약초밥

곤약밥을 활용해서 평소 먹고 싶었던 메뉴를 하나 만들어 보았어요. 바로 초밥! 사 먹는 초밥은 밥이 의외로 많이 들어가서 다이어트할 때 먹기는 부담스러워요. 곤약밥으로 초밥을 만들어 먹으면 탄수화물 섭취량을 절반 정도 줄일 수 있죠.

재료(1회분)

□ 곤약밥(만드는 법 222쪽) 100g □ 식초 1큰술 □ 참기름 1큰술
□ 고추냉이 조금 □ 곤약·달걀말이·연어·칵테일 새우 취향껏 □ 간장 조금

만드는 법

1 곤약을 초밥 위에 올릴 크기로 얇게 잘라 데친다.
2 곤약밥에 식초와 참기름을 넣고 섞는다.
3 ②의 밥을 한입 크기로 뭉치고 고추냉이를 조금 올린다.
4 ③에 ①의 곤약을 1개씩 올린다. 기호에 따라 달걀말이, 연어, 익힌 칵테일 새우를 올린다.
5 간장에 고추냉이를 조금 풀어서 찍어 먹는다.

팁

고추냉이는 당질이 있을 수 있으니 많이 먹지 않는다.
달걀말이는 설탕을 넣지 않고 만든다.
소화 흡수 에너지 소모와 포만감을 위해 생채소와 함께 먹는다.
보관하지 않고 만든 즉시 먹는다.

5분 뚝딱 카나페

5분 만에 뚝딱 만들어 죄책감 없이 먹는 간식입니다. 대신 꼭 저당질 식사를 하고 나서 먹어야 합니다. 그리고 방토카나페와 딸기카나페 중 하루에 한 가지만 먹기로 해요.

재료(카나페 종류별 4개 분량)

방토카나페

□ 슬라이스 치즈 1장 □ 방울토마토 2개 □ 무가당 크림치즈 4작은술

딸기카나페

□ 슬라이스 치즈 1장 □ 큰 딸기 1개 □ 무가당 크림치즈 4작은술

만드는 법

1 치즈 1장을 4등분해서 종이 포일 위에 올린다.

2 ①을 전자레인지에 넣고 바삭해질 때까지 2~3분 돌린다.

3 원하는 카나페 종류에 따라 방울토마토는 반으로 자르고 딸기는 4등분해서 준비한다.

4 ② 위에 크림치즈를 1작은술(소복하게 담아도 된다) 올린 뒤 방울토마토 또는 딸기 조각을 1개씩 올린다.

팁

하루 4개 정도까지만 먹는 것이 좋다.

보관하지 않고 만든 즉시 먹는다.

카나페
맛불러 생생 리뷰
김** / 매번 이렇게 좋은 레시피 가지고 오시면! 사랑입니다.
지** / 크림치즈와 체더치즈의 짠맛이 방울토마토와 딸기의 단맛을 엄청 부각시켰네요. 맛 전략가로 인정.

다이어트 아이스크림

맛불러 생생 리뷰

콘** / 이거 제발 상품으로 만들어 주세요 정기 배달 신청할게요. 저 지금 진지함.

김** / 냉동실에 얼릴 때 30분~1시간 간격으로 꺼내 긁어서 섞어 주면 아이스크림에 공기가 들어가서 식감이 훨씬 부드러워져요!

죄책감 없는 다이어트아이스크림

아이스크림으로 살찐 자, 아이스크림으로 살 빼자! 저는 매일 아이스크림 먹고 23kg이나 쪘었지만 아이스크림의 유혹은 여전히 참기 힘들어요. 다른 과일에 비해 당질이 적은 딸기와 무가당 코코아 가루로 아이스크림을 만들어 보겠습니다.

재료(2회분)

딸기아이스크림

□ 작은 딸기 6개 또는 큰 딸기 3개 □ 생크림 75g □ 무가당 요거트 40g
□ 소금 1/8작은술 □ 바닐라 오일(또는 익스트랙) 3~5방울

초코아이스크림

□ 생크림 80g □ 버터 20g □ 땅콩버터(땅콩 100%인 것) 25g □ 코코아 가루 5g
□ 소금 1/5작은술 □ 달걀노른자 2개(선택) □ 바닐라 오일(또는 익스트랙) 3~5방울
□ 아몬드(최대 1알, 선택)

딸기아이스크림 만드는 법

1 작은 딸기 3개(큰 딸기라면 1개 반)를 큼직하게 썰어 그릇에 담는다.
2 나머지 딸기를 잘게 썰어 볼에 넣는다.
3 ②에 생크림, 요거트, 소금, 바닐라 오일을 넣고 핸드블렌더로 걸쭉해질 때까지 섞는다.
4 ①의 그릇에 ③을 넣고 냉동실에서 2~3시간 얼린다.

초코아이스크림 만드는 법

1 버터를 전자레인지에서 5~10초 정도 돌려 녹인다.
2 녹은 버터에 땅콩버터, 코코아 가루, 소금을 넣고 숟가락으로 잘 섞는다.
3 다른 볼에 생크림, 달걀노른자를 넣고 핸드블렌더로 걸쭉해질 때까지 섞는다.
4 ②에 ③과 바닐라 오일을 넣은 뒤 숟가락으로 잘 섞는다.
5 랩으로 덮고 냉동실에서 2~3시간 얼린다. 잘게 썬 아몬드를 뿌려 먹어도 좋다.

팁

너무 딱딱하게 얼어 버렸을 때는 전자레인지에 5~10초 돌린다.
2회분이므로 반을 덜어서 하루에 한 번만 먹는다.
1회분에는 쌀밥 한 숟가락 정도의 당질이 들어 있다.
냉동 보관할 수 있으나 가능한 한 빠른 시일 내에 먹는다.

용암 볶음밥
맛불러 생생 리뷰
김** / 오랜만에 매운맛 먹어서 너무 좋아요. 저는 포만감 더 느끼려고 느타리버섯 조금 넣었는데, 버섯이랑 양배추만 먹어도 정말 맛있어요.
김** / 역대급 레시피. 지금까지 해 먹은 것 중 단연 1위예요. 양배추 많이 넣을수록 맛있어요.

맛이 흘러내려 용암볶음밥

고깃집에서 고기 다 먹고 볶음밥 해 먹는 그 맛! 밥의 양이 적어 보이지만 양배추와 어우러져서 전체 양은 푸짐해요. 앞서 소개한 제육볶음만으로는 조금 짤 수 있으니, 귀찮음을 조금만 더 이겨내고 볶음밥까지 만들어 보아요.

재료(1회분)

□ 제육볶음(만드는 법 233쪽) 1회분 □ 밥 50g □ 달걀 1개 □ 생김 취향껏
□ 생채소 취향껏 □ 스리라차 소스 1큰술

만드는 법

1 프라이팬에 제육볶음과 밥을 넣고 볶다가 바닥에 펴서 살짝 눌어붙게 한다.
2 달걀의 노른자와 흰자를 분리하고 우선 흰자만 ①에 넣어 함께 볶는다.
3 잘게 썬 생김도 넣어 볶는다.
4 완성된 볶음밥을 그릇에 담고 ②에서 남겨 둔 노른자를 올린다.
5 원하는 생채소를 썰어서 스리라차 소스를 뿌려 곁들여 먹는다.

팁

밥의 양은 마약고추장비빔밥 팁 부분(237쪽)을 참고한다.
보관하지 않고 만든 즉시 먹는다

맛이 없을 리 없는 제육볶음

저는 빨갛게 양념이 된 고기를 정말 좋아했는데, 양념이 설탕 범벅이라는 사실을 알고부터는 먹을 수가 없어요. 그래서 설탕을 전혀 넣지 않고 맛있는 제육볶음을 만들어 보았습니다. 대신 밥이나 채소를 함께 먹는 게 좋으니 '용암볶음밥' 레시피를 꼭 함께 보세요.

재료(2회분)

□ 마약고추장(만드는 법 216쪽) 3큰술 □ 돼지고기 150g □ 양파 작은 것 1/2개
□ 마늘 3톨(다져서 사용) □ 양배추 취향껏(잘게 썰어 사용)
□ 코코넛 오일 또는 버터 1/2큰술

만드는 법

1 달군 프라이팬에 코코넛 오일이나 버터를 약불에 녹여 코팅한다.
2 ①에 양파와 다진 마늘을 넣어 볶다가 돼지고기를 넣고 볶는다.
3 고기가 익을 때쯤 마약고추장을 넣고 볶는다.
4 잘게 썬 양배추를 넣고 볶는다.

팁

당연히 일반 고추장을 사용하면 안 된다.
숙성되지 않은 마약고추장으로 만들면 더 맛있다.
보관하지 않고 만든 즉시 먹는다.

연어장
덮밥
맛불러 생생 리뷰
so** / 오늘 해 먹었는데 진짜 맛있어요. 연어장은 '이 정도면 충분하려나?'가 아니라 '이 정도는 좀 적지 않나?' 싶게 올려야 간이 딱 맞아요.
J** / 다른 연어장은 설탕이 너무 많이 들어가던데 이건 안 들어가니 만들어 봐야겠어요.

흙낯빛 밝혀 주는 연어장덮밥

항상 강조하지만 다이어트를 한다고 꼭 저염식으로 먹을 필요는 없습니다. 나트륨은 과하게 먹지만 않으면 괜찮아요. 여기에서 소개하는 연어장은 반찬이 아니라 덮밥 형태로 먹어야 포만감과 맛을 겸비한 다이어트 메뉴가 됩니다.

재료

연어장(2~3회분)

□ 생연어 250g □ 간장 50ml □ 마늘 2~3톨 □ 물 70ml □ 양파 작은 것 1개
□ 가쓰오부시 1큰술 □ 파 적당량

연어장덮밥(1회분)

□ 연어장 80~120g □ 생채소 많이 □ 두부(또는 닭 가슴살) 100g
□ 곤약밥(만드는 법 222쪽) 50g □ 기호에 따라 고추냉이·달걀·생양파

만드는 법

1 연어는 날생선이기 때문에 비닐장갑을 끼고 잘게 썬 뒤 밀폐용기에 차곡차곡 넣어 둔다.
2 양파, 파, 마늘은 잘게 썬다.
3 간장에 물, 파, 마늘, 가쓰오부시를 넣고 섞어 양념장을 만든다.
4 ①의 연어 위에 썰어 둔 양파를 올리고 ③의 양념장을 넣는다.
5 밀폐용기에 랩을 씌우고 뚜껑을 덮어 냉장실에서 12~24시간 숙성시킨다.
6 그릇에 생채소, 곤약밥, 두부나 닭 가슴살을 넣은 뒤 숙성된 연어장에 있는 파와 양파를 건져서 올린다. 그다음에 숙성된 연어장의 연어를 올리면 연어장덮밥이 완성된다. 기호에 따라 생양파, 날달걀, 고추냉이를 같이 비벼 먹는다.

팁

냉동 연어나 훈제 연어는 연어장을 만드는 데 적합하지 않다.
연어장은 냉장 보관 2~3일, 연어장덮밥은 만든 즉시 먹는다.

마약고추장 비빔밥

맛블러 생생 리뷰

2** / 시판 고추장 재료가 들어가지 않았는데도 감칠맛이 나고, 두부랑 채소 넣고 비빔밥 만들어 먹으니 마파두부 맛도 나요. 건강한 맛, 부담 없는 맛입니다.

간편 쓱쓱 마약고추장비빔밥

마약고추장과 마약볶음고추장을 활용한 세상 편하고 맛있는 레시피. 재료만 준비해서 그냥 쓱쓱 비벼 먹으면 됩니다. 포기할 수 없는 빨간 맛에 영양소도 골고루 챙길 수 있다고요!

재료(1회분)

마약고추장비빔밥

□ 마약고추장 1큰술 □ 깻잎과 원하는 잎채소 취향껏
□ 밥 50g □ 낫토 1팩(선택) □ 달걀 프라이(선택) □ 참치 90g □ 들기름 2큰술

마약볶음고추장비빔밥

□ 마약볶음고추장 3~4큰술 □ 밥 50g □ 생채소 취향껏 □ 두부 100g
□ 생김 취향껏 □ 들기름(또는 올리브 오일이나 아보카도 오일) 1~2큰술

만드는 법

마약고추장비빔밥과 마약볶음고추장비빔밥 모두 만드는 방법은 같다. 그릇에 원하는 생채소를 한가득 넣은 뒤 나머지 재료를 모두 올리고 비벼 먹는다.

팁

밥의 양은 50~100g 사이로 하되, 현재 비만, 과체중, 일반 체중 중 어디에 속하는지에 따라 양을 달리한다. 우선 100g을 먹어 보고 체중 감량 효과가 있다면 100g을 먹고, 체중이 줄면 밥의 양도 조금씩 줄인다.
보관하지 않고 만든 즉시 먹는다.

살 안 쪄 치즈볼

쭉쭉 늘어나는 치즈만 봐도 행복할걸요! 단, 간식으로는 안 되고 꼭 한 끼 식사로, 고온 요리이므로 가끔 별미로 먹는 것이 좋아요.

재료(1회분)

- □ 모차렐라 치즈 60g □ 아마씨 가루 15g □ 차전자피 가루 20g
- □ 베이킹파우더 2g □ 달걀 1개 □ 식초 1큰술 □ 소금 취향껏
- □ 코코넛 오일 1큰술 □ 물 25ml

만드는 법

1 모차렐라 치즈를 전자레인지에 넣고 10~30초 돌린다.

2 ①의 치즈를 5등분해서 동글동글하게 만든다.

3 큰 볼에 아마씨 가루, 차전자피 가루, 베이킹파우더, 달걀, 소금을 넣고 반죽한다. 차전자피 냄새가 싫으면 식초도 넣는다.

4 ③의 반죽 상태를 보면서 물을 조금씩 넣고, 반죽이 하나로 잘 뭉쳐질 때까지 섞는다.

5 손에 물을 조금 묻히고 반죽을 5등분한다.

6 도마 위에 물을 조금 묻히고 반죽 1개를 눌러 넓적하게 편 뒤 ②의 치즈를 올리고 감싸서 동그랗게 빚는다. 남은 4개도 같은 방법으로 만든다.

7 코코넛 오일 1큰술을 가벼운 냄비에 넣고 약불에 녹인다. 오일이 끓으면 치즈볼을 1개씩 넣어 약불에 1분 이내로 익힌다(표면이 매끈해지면 익은 것).

팁

아마씨 가루는 하루 권장량이 16g이므로 주의한다.

에어프라이어에서 익히면 치즈가 터져 나올 수 있다.

양배추, 토마토 등 생채소와 함께 먹고, 시중에 파는 치즈볼과 맛 차이가 나므로 다이어트마요네즈나 머스터드소스도 꼭 함께 먹는다.

맛불러 생생 리뷰

김** / 하다하다 이건 진짜 미쳤다. 다이어트하면서 치즈볼을 먹게 해 주다니.

Ji** / 이렇게 다이어트해 본 적이 없는데, 너무 행복하네요.

김치는 없는 김치참치전

이름은 김치참치전이지만 김치는 들어가지 않습니다! 김치에는 탄수화물과 염분이 많기 때문이죠. 대신 편법을 써서 김치 맛을 낼 겁니다. 바로 토마토로! 어떤 맛일지 궁금하지 않나요?

재료(2~3회분, 모든 재료는 물기 제거하고 사용)

□ 팽이버섯 1봉 □ 달걀 1개 □ 마늘 2톨(다져서 사용) □ 식초 5큰술
□ 고춧가루 1큰술 □ 양배추(또는 양상추나 배추) 150g 이상 □ 두부 150g
□ 팩 참치 90g □ 토마토 200g □ 코코넛 오일 또는 버터 1/2큰술

만드는 법

1 토마토를 다진다. 믹서로 곱게 갈면 안 된다.
2 볼에 ①을 넣고 팽이버섯을 잘게 잘라 넣은 뒤 나머지 재료도 모두 넣고 섞는다.
3 ②를 물기를 꽉 짜서 동글납작하게 빚어 6~7장으로 만든다.
4 프라이팬에 코코넛 오일이나 버터를 두른 뒤 ③을 올려 익힌다. 달걀물(달걀 1개+물 100ml 이하)을 반죽 위에 뿌리면서 익히면 반죽이 좀 더 단단해져 뒤집을 때 부서지지 않는다.

팁

평소 먹는 밥의 양에 따라 한 끼 섭취량을 참고한다.
밥 1공기: 밥 1/2 공기(100~150g)+생채소 듬뿍+김치참치전 2장
밥 1/2공기: 밥 80g+생채소 듬뿍+김치참치전 2장
밥 1/2공기 미만: 밥 생략+생채소 듬뿍+김치참치전 3장
3~5일간 냉장 보관 가능하나 되도록 빠른 시일 내에 먹는다.

맛불러 생생 리뷰

ch** / 대박! 해 먹었는데 생김새는 별로지만 진짜 김치부침개 맛!

kh** / 두 끼를 이걸로 먹었는데 다음 날 아침 600g 빠졌네요. 오늘도 맛불리로 달릴게요.

지방 박살 에그인헬

뜨끈한 국물 요리에 대한 욕망을 잠재울 수 있는 메뉴! 게다가 저는 이걸 해 먹고 며칠 동안 내려가지 않던 몸무게가 쑥 내려갔답니다. 그런데 요리에 익숙지 않은 분들은 지옥 불에 데는 경험을 할 수 있으니 조심하세요.

재료(1회분)

□ 생채소 많이 □ 새송이버섯 1개 □ 토마토 1개 □ 마늘 2톨 □ 양파 50g
□ 식초 1큰술(선택) □ 소금·후추 취향껏
□ 코코넛 오일이나 버터 1/2큰술 □ 슬라이스 치즈 1~2장
□ 다진 고기(돼지고기나 소고기) 50g □ 달걀 1~2개 □ 새우 5~6마리(선택)

만드는 법

1 끓는 물에 토마토를 넣고 5~10분 끓인 뒤 꺼내서 찬물로 살짝 식힌 다음 껍질을 까고 잘게 썬다.
2 냄비에 코코넛 오일이나 버터를 두르고 양파와 마늘을 볶다가 새송이버섯과 고기도 넣고 볶는다.
3 ③에 ①의 토마토와 물을 1/2컵 정도 넣고 끓인다.
4 기호에 따라 새우를 넣고 뚜껑을 닫은 뒤 5분 정도 끓인다.
5 식초, 소금, 후추를 넣은 뒤 달걀을 넣고 약불에서 흰자가 익을 때까지 끓인다.
6 슬라이스 치즈도 넣고 녹을 때까지 끓인다.

팁

토마토, 마늘, 양파에 탄수화물이 소량 들어 있으므로 밥은 먹지 말고 생채소와 함께 먹는다.
보관하지 않고 만든 즉시 먹는다.

맛블러 생생 리뷰

이** / 와 진짜 이거 꼭 해 드세요. 큰 기대 안 하고 먹었는데 맛있어요. 물을 많이 넣어서 토마토스튜처럼 됐지만, 그것조차 맛있음.

박** / 개인적으로 새우 넣는 거 강추해요. 새우 향이 배서 맛의 퀄리티가 올라가는 느낌.

에어 프라이어 요리
맛불러 생생 리뷰
꼭김** / 방금 해 먹었는데 닭 가슴살이 촉촉하고 부드럽고 피자 맛도 나면서 국물과 토마토의 조화가 진짜 최고입니다. 마늘이랑 청양고추를 다져 넣어도 맛있어요.
김** / 국물 당기는 오늘 같은 날 라면 구덩이에서 날 구했어요!

대충대충 에어프라이어 요리

지지고 볶는 요리가 귀찮을 때가 있죠. 아니, 많죠. 만들고 먹는 것까지가 다이어트라고 생각하지만 그래도 귀찮음을 호소하는 여러분을 위해서 에어프라이어로 대충 해 먹는 요리를 소개합니다. 이 정도는 할 수 있겠죠?

재료(1회분)

□ 모차렐라 치즈 50g □ 파프리카 1개 □ 새송이버섯 1개
□ 칵테일 새우 작은 것 10마리(또는 큰 것 4마리) □ 소금·후추 취향껏
□ 코코넛 오일 1/2큰술 □ 토마토 1개 □ 닭 가슴살 1덩이

만드는 법

1 파프리카와 토마토는 길게 썰고, 버섯은 크게 깍둑썰기한다.
2 닭 가슴살은 얇게 4등분해서 소금, 후추로 밑간한다.
3 에어프라이어 용기 안쪽에 코코넛 오일을 바른다.
4 ③에 닭 가슴살, 토마토, 버섯, 파프리카, 모차렐라 치즈, 새우 순서로 올린다.
5 에어프라이어에 넣고 200℃에서 10분 동안 익힌다.

팁

새송이버섯 대신 다른 버섯을 사용해도 된다.
생채소를 함께 먹으면 좋다.
보관하지 않고 만든 즉시 먹는다.

치킨
맛불러 생생 리뷰
정** / 다이어트에도 치킨을 먹을 수 있다니!
ka** / 치킨 반죽으로 오징어 튀김이나 채소 튀김도 할 수 있겠어요!

다이어트에는 치킨

치킨이 살찌는 이유는 튀김옷에 설탕, 밀가루, 곡물 가루와 같은 정제 탄수화물이 많이 쓰이고, 식물성 오일에 열을 가했을 때 불포화 지방이 산화되면서 다이어트에 불리하게 작용하기 때문이죠. 산화 위험이 적은 정제 코코넛 오일을 사용해서 치킨을 바삭바삭 튀겨 볼게요.

재료(1회분)

□ 닭 가슴살(다른 부위도 가능) 100g □ 소금·후추 취향껏 □ 달걀 1개
□ 무가미 유청 단백질 파우더 15~30g □ 코코넛 오일 2큰술
□ 마늘 3톨(다져서 사용)

스리라차 크림소스 재료 □ 스리라차 소스 1큰술 □ 토마토 퓌레 3큰술
□ 생크림 1큰술 □ 마늘 2톨(다져서 사용)

만드는 법

1 닭 가슴살은 소금, 후추로 밑간한다.
2 ①을 한입 크기로 조각낸 뒤 다진 마늘을 넣고 버무려 10분 정도 둔다.
3 단백질 파우더 15g과 달걀 1개를 볼에 넣고 섞는다.
4 작은 프라이팬에 코코넛 오일을 2큰술 넣고 약불에 녹인다.
5 ③의 반죽을 프라이팬에 살짝 떨어뜨렸을 때 부풀어 오르면, 닭 가슴살에 반죽을 골고루 잘 묻혀서 노릇노릇해지도록 튀긴다.
6 ⑤를 튀김망에 올려 살짝 식힌다. 키친타올에 올리면 눅눅해질 수 있다.
7 스리라차 크림소스는 분량의 재료를 모두 섞으면 끝.

팁

양상추 등 생채소와 함께 먹는다.
튀김옷을 좀 더 두껍게 하려면 단백질 파우더 30g을 사용한다.
보관하지 않고 만든 즉시 먹는다.

세상 친절한 큐알 코드

마약주먹밥

오리고기
김밥

폭탄주먹밥

비빔밀프렙

고기패티

살빠지리또

따블에그
샌드위치

변비타파
초콜릿

다이어트
마요네즈

마약고추장

마약
볶음고추장

차전차피식빵

단백질식빵

버거위치

진짜곤약밥

곤약초밥

카나페
딸기 아이스크림
초코 아이스크림
제육볶음
용암볶음밥
연어장덮밥
마약고추장 비빔밥
치즈볼
김치참치전
에그인헬
에어프라이어 요리
치킨
컵피자
떡볶이
냉모밀 냉국수

에필로그

유지어터의 생각법

〈맛불리TV〉에는 다이어트 성공 댓글이 하루에도 몇 개씩 올라옵니다. 댓글을 볼 때마다 제가 감량한 것처럼 기쁘고 감사해요. 성공한 분이 많은 만큼 요요에 대한 질문도 많이 받는데요, 대표적인 질문이 "살이 다시 찌지 않으려면 평생 저탄수화물 식사만 해야 하나요?"입니다.

저탄수화물 식사로 감량한 뒤 탄수화물 식사량을 서서히 늘렸더니 일정 구간에서 더는 체중이 늘지 않는 실험 결과를 본 적이 있어요. 저도 스스로 몇 가지 실험을 해 보았습니다. 저탄수화물 식사와 고탄수화물 식사를 병행해 보기도 하고, 일주일 동안 저탄수화물 식사 후 달콤한 간식을 먹어 보기도 하고, 며칠 동안 외식만 해 보기도 했어요. 이렇게 먹다가는 정말 요요가 오겠다 싶을 정도로 평소와는 다른 식사를 했지만 놀랍게도 1kg 내외로 체중이 유지되더라고요. 심지어 다시 3일 정도 저탄수화물 식단으로 관리했더니 1kg마저 다시 내려갔답니다.

저는 현재 21kg 감량한 상태를 유지하고 있어요. 조금 더 감량하고 싶지만 지금은 하는 일에 집중하기 위해 유지만 하고 있습니다. 탄수화물 비율을 매우 유연하게 조절하며 식사를 하고 있고요. 감량 중에는 고탄수화물 식사를 한 번만 해도 체중이 바로 늘었지만, 감량 상태를 유지하고 있는 지금은 앞서 실험한 내용처럼 체중이 쉽게 늘지도 줄지도 않습니다.

물론 고탄수화물 식사를 한다는 기준이 비만 시절과는 다르죠. 16:8 간헐적 단식은 계속하면서 탄수화물을 너무 높은 비율로 먹거나 폭식, 과식은 하지 않아요. 그리고 이제 살이 찌는 원인을 알았으니 체중이 느는 조짐이 보이면 인슐린과 생활 패턴, 식욕 조절 등 원인을 바로 파악해서 잘못된 부분을 바로잡습니다. 이런 습관이 몸에 배서 앞으로 어떤 큰 계기가 생기지 않는 이상 비만 시절로 돌아갈 일은 없을 것 같습니다.

결국 요요가 오지 않으려면 평생 저탄수화물 식사를 해야 하느냐는 질문에 대한 저의 답은 "아니요"이지만, '식욕 조절'만큼은 평생 해야 한다고 생각합니다. 다시 절제력을 잃고 폭식하지 않으려면요. 지속 가능한 다이어트를 하기 위해 일반식 못지않게 맛있고 배부른 다이어트 방법을 고안한 만큼 앞으로도 정제 탄수화물과 단맛을 절제하고, 생체 리듬에 맞게 식사시간을 지키며, 건강하고 질 좋은 재료를 사용하도록 노력할 것입니다.

식사만큼 건강관리도 중요합니다. 살찌는 원인이 단순히 '많이 먹어서'가 아니듯이 요요도 마찬가지예요. 식단의 문제일 수도 있지만 생활 환경의 변화, 과도한 스트레스 등 복합적인 문제가 원인으로 작용할 수 있어요. 요요 없는 다이어트를 하려면 무엇보다 건강을 잃지 않도록 바른 습관을 이어 가야 합니다. 또한 책에서 소개한 내용을 과도하게 받아들여 실천하면 부작용이 생길 수도 있습니다. 특히 다음 네 가지는 반드시 주의해야 합니다.

과도한 당질 제한

저는 탄수화물을 전혀 섭취하지 않는 것은 좋지 않다고 생각합니다. 〈맛불리TV〉에 어떤 분이 댓글로 "무탄수화물에 가까운 식사를 했다가 몸에 무리가 왔다"며 이상 증상을 호소한 일이 있었습니다. 제가 저탄수화물을 지향하는 것을 '무탄수화물'을 권장하는 것으로 오해했다고 해요. 저탄수화물 식사를 하는 이유는 정제 탄수화물 섭취를 줄여서 비만을 탈출하려는 것일 뿐, 탄수화물은 우리 몸에 반드시 필요한 영양소이므로 소량은 꼭 섭취해야 합니다. 이 책에서 소개하는 레시피에는 당질이 거의 포함되지 않은 것도 있지만 현미밥이나 양파, 마늘, 딸기를 포함해서 당질이 조금 높은 재료를 사용한 것도 있어요. 당질이 없는 특정 메뉴만 편식하면 마찬가지로 몸에 무리가 올 수 있으니 골고루 섭취하기를 권합니다.

과도한 물 섭취

앞서 비만의 원인 중 '만성 탈수'에 대한 내용을 소개했습니다. 사람마다 수분 섭취 적정량이 다르지만, 수분 섭취를 신경 쓴 나머지 하루에 4~5L 이상 마시는 경우도 있어요. 물을 너무 많이 마시면 무기질이 소변으로 과도하게 빠져나갈 수 있습니다. 무기질이 부족하면 대사에 문제가 생길 수 있으니 물을 너무 많이 마시지는 않아야 합니다.

과도한 단식

간헐적 단식이 인슐린과 다이어트에 도움이 되는 호르몬 등을 조절하는 데 효과가 있긴 하지만, 모든 체질이 단식에 무리 없이 성공할 수 있는 것은 아닙니다. 건강한 성인 그룹을 기준으로 한 실험에서는 단식 72시간까지는 큰 무리가 없었다고 하지만, 자신이 그 '건강한 성인 그룹'에 속하는지는 깊게 생각해 봐야 하는 문제입니다. 그리고 아무리 건강한 사람이라도 컨디션에 따라 다르고요. 자신도 모르는 체질적 특징이 있을 수도 있고, 심한 경우엔 저혈당 쇼크로 이어질 수도 있다고 하니 이상 증상이 나타나면 참지 말고 중단하세요.

저염식 또는 무염식

나트륨은 우리 몸에 꼭 필요한 미네랄 중 하나입니다. 제 다이어트 식단에서 빠지지 않는 생채소에는 나트륨을 배출하는 칼륨이 많아 저염식이나 무염식을 하면 몸에 무리가 올 수 있어요. 소금을 적게 먹으면 우리 몸이 염분 농도를 맞추기 위해 수분을 배출해서 일시적으로 살이 빠지는 것처럼 보이지만 부기가 빠지는 것이지 지방이 빠지는 것은 아닙니다. 다시 일반식을 조금이라도 먹으면 체중이 바로 불어나서 요요가 오는 것처럼 느껴지죠. 그리고 저염식을 오래 하면 여러 균형이 깨지면서 체내 순환이 잘 안 돼요. 순환에 이상이 생기면 지방 연소도 잘 안 되고 여러 가지 부작용도 겪게 됩니다. 다이어터가 흔히 겪는 이상 증상은 어지럼증이에요. 앉거나 누워 있다가 일어날 때, 갑자기 자세를 바꿀 때, 눈앞이 깜깜해지면서 핑 도는 기립성저혈압입니다. 수분 부족으로 혈액량이 부족하면 혈압이 낮으니까 순간적으로 뇌에 혈액 공급이 원활하게 되지 않아서 어지러운 거예요. 더운 날씨에는 혈관이 팽창하면서 혈압이 더 낮아져서 쓰러지는 경우도 있다고 하니 상황에 따라 매우 치명적일 수 있습니다. 그렇다고 해서 너무 과도한 나트륨 섭취도 좋지 않으니 무엇이든지 '적당함'을 유지하는 게 좋습니다.

앞에서도 계속 강조했지만, 이 책의 내용을 포함한 세상 모든 다이어트 정보는 각자 체질에 맞게 선택해서 활용하고 몸의 반응을 관찰하며 적용했으면 합니다. 저는 여러 다이어트 관련 서적과 논문, 연구 결과, 다큐멘터리 등을 찾아보며 공부하고 '선택'한 지식을 통해 이 책을 썼고, 제 자신에게 적용하고 효과를 본 경험담을 소개하는 것일 뿐 모든 체질에 적절하다고 볼 수는 없어요. 여러 방법을 조금씩 시도해 보면서 각자 몸에 맞는 방법을 찾아 건강한 다이어트를 하길 바랍니다.